智

少年版

囊

周国宝 编绘

北京日报出版社

智犹水，然藏于地中者，性；

凿而出之者，学。

冯梦龙认为，智慧藏在我们每个人的大脑深处，只有通过学习，智慧之泉才会汩汩涌出。善于向古人学习智慧，是每个明智者都懂得的事。今天，我们的科技已远超古代，但是，我们的智慧却未必能突破古人的深度。

四百年前，大才子冯梦龙为我们梳理了古代智慧的精华，编撰了一套10部28卷的《智囊全集》，为后人学习智慧提供了极大的便利。康熙帝称此书为"国之利器"，纪晓岚对此书熟读成诵，曾国藩经常挑灯夜读此书，毛主席为此书写下了许多点评。

智慧不光是大人物的事，书中的智者既有帝王将相，名儒侠客，也有贩夫

走卒，弱妇幼孺。智慧也不光是成年人的事，历史上有许多少年儿童的智慧故事：孔融让梨，曹冲称象，文彦博灌水浮球，司马光砸瓮救人，王戎不取道旁李，杨修妙怼孔君平，甘罗十二当丞相，宾王六岁能作诗……为了让少年儿童也能走进智囊故事，我们基于《智囊全集》编写了这套《智囊（少年版）》。

这本书从《智囊全集》的28卷中选择了11卷，再精心挑选出75则精彩的智慧故事，重新改写并加以完善，同时附以插图，以期让小朋友能在趣味阅读中了解智慧故事，领悟智慧力量，训练智慧思维。

本书特色

①筛选故事，优中选优

原著有1238个条目，在故事和点评中往往还套有故事，实际故事总量更多。本书从中择优选取75则故事，标准有三：题材不能有不适合少儿阅读的；题材尽量多样化，避免同类型的故事反复出现；故事本身的趣味性较强。

②改写故事，点破智慧

原著中的故事大多简明扼要（文言文），缺少背景交代，没有人物身份介绍，往往令读者难以领会智谋的妙点所在，甚至读不懂故事。本书根据故事原型，补充背景资料，改写时力求达到故事线索完整、智慧要领清晰。

③阅读的趣味性

全书用轻松诙谐的笔调，以现代人的口吻来讲述故事，同时配有丰富有趣的插图，还带有搞笑的对白。

④阅读的实用性

书中的"学以致用"专题，采用条漫形式，让读者结合身边事，更好地领悟智慧的精妙。而"读典故学成语"板块，更能帮助读者进行词语积累。

3

冯梦龙与《智囊》

1625 年，虽然明朝江山摇摇欲坠，但是一身才华的冯梦龙创作却渐入佳境了。自己已经 52 岁了，何不乘着身体还硬朗多写点东西？想起前几年编撰的《古今笑》等笔记小品，读者反馈效果很好，冯梦龙决定再编写一套更高级点的笔记小品，把自古以来的智谋故事全部汇总在一起。

恰好好友蒋之翘的书房三径斋里藏书丰富，冯梦龙便长驻书房，时而摘录，时而改写，时而点评，仅两个月，一套 27 卷的《智囊》书稿就完成了。

书稿刊印前，冯梦龙请张明弼、沈几两位好友写序。《智囊》发行后，冯梦龙又做了一些补遗工作。1634 年《智囊》续刻前，冯梦龙又增补了篇目，调

冯梦龙代表作

《喻世明言》《醒世恒言》《警世通言》三部白话短篇小说集，简称『三言』。

《古今谭概》《情史类略》《智囊全集》三部笔记小品集，合成『笔记三部曲』。

整了分类，修订了内容，修改了批语，把书名改为《智囊全集》（有的版本也叫《智囊补》），形成了10部28卷的版本，也就是现在流行的版本。

10部中，《上智》《明智》《察智》多为政治智慧，《胆智》《术智》《捷智》多为处事智慧，《语智》收口才故事，《兵智》集军事谋略，《闺智》专写女子智慧；《杂智》网罗零散智慧故事。全书共1238则故事，多数信而有征，查而有据，真实生动，对我们今天学习历史，增强民族自信心和自豪感也是十分有益的。

冯梦龙 年表

字犹龙，明代文学家。

1574	生于苏州书香世家
1593	中秀才，此后屡试不第
1596	和好友组织诗社
1604	开始创作传奇并刊印
1619	编撰《古今笑》
1621	发行《喻世明言》
	发行《古今谭概》
1624	发行《警世通言》
1625	编撰《智囊》
1627	发行《醒世恒言》
1629	发行《情史类略》
1630	任职丹徒训导
1634	升任寿宁知县
1638	任满回苏州养老
1644	编撰《新列国志》
	从事反清复明活动
1646	去世，享年73岁

为什么要读《智囊》故事

智由性出，诈以习成。
智不可无，诈不可有。

·从小读《智囊》，可以更早开启慧根

每个人都具有慧根，如何才能激发？通过学习并运用。如果说慧根像藏在地下的水一样，那么讲述智慧的故事书就好比铁锹能让地下水流涌出来。专注地阅读一大本《智囊》故事，那就是一次大规模的智慧思维训练，可以迅速拓展我们的视野，开启我们的慧根。

虽然从书上读到智慧，不等于领悟智慧，但是没有智慧的启蒙，哪有智慧的运用？本书中的"学以致用"专题，就是尝试带领读者走进智慧的现实使用场景。见识智慧之利可以速成，领悟智慧之妙只能渐进。

· 从小读《智囊》，可以丰富作文素材库

本书 75 则智慧故事，每则故事都有完整的故事结构，包括背景交代，问题描述，解决问题的思路（智谋），智谋应用结果，以及智谋的点评。每则故事在展现智谋之际，还体现了勤奋、坚持、远见、善良、忠贞等许多正能量的主题。每则故事都是一篇范文，多阅读这样的范文，对于丰富作文素材库、提高写作能力很有帮助。

· 从小读《智囊》，可以提升语文素养

本书包含丰富的典故、成语、俗语、歇后语、笑话、诗词，可以拓展知识面，提升语文素养。

阅读小技巧

①每个章节的标题和篇首语（带文言文和译文）要先读，这样才能领会主题，触类旁通。

②每个故事的标题都简明地总结了该篇智谋的核心"秘密"，建议在读故事前先琢磨一遍，读完故事再回味一遍。

③部分故事在正文之外，设有小板块。有的是点评、同类故事拓展，可辅助读者理解智谋；有的是主人公小档案、智谋故事后记，可加深读者对智者的了解；有的是成语典故归纳，帮助读者归纳文化常识。

目录

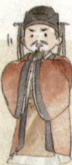

谬数卷
隐而不显，别人琢磨不透

权奇卷
紧急情况，不拘泥于规矩

见大卷

略施小计，就显出大智慧

源自原著 卷一

一操一纵，度越意表。

寻常所惊，豪杰所了。

集《见大》。

收放自如处理事情，往往出乎他人意料。

凡人害怕碰上的事，智者却能泰然处之。

这类故事汇编成《见大》卷。

孔子
向农夫索马，子贡不如马夫

春秋时期，孔子带着弟子周游列国。有一天，他们走累了，便在田野边休息。不料拉车的马因为饥饿挣脱缰绳，跑去吃了路旁的庄稼。农夫看到后特别生气："这是谁的马儿，胆儿真肥，竟敢来吃我的庄稼，非把你抓住不可！"说着强行把马儿给扣了起来。

没了马，孔子他们就无法继续前行。孔子很着急，决定派人去找农夫聊聊，把马儿要回来。子贡是众弟子中最能说会道的，他自告奋勇去向农夫要马。

我辛辛苦苦种了几个月的禾苗，你的马几口就给吃了！

子贡见到农夫，对他作揖说："对不起，我们的马吃了您的庄稼，都怪我们看管不严，请您原谅。还请您将马还给我们，我们还要赶路呢。"农夫就当没听到似的不理会子贡。子贡接着又说了一堆大道理，好赖话说尽，还是一点用也没有。农夫说："你赶紧走吧，别耽误我干活。"子贡只好灰溜溜地回来了。

你咋那么多废话！

孔子看到子贡垂头丧气地回来，笑着说："你用农夫根本不愿意听的话去说服他，怎么说都没法把马儿要回来的，这是你的错，不能怪农夫！"

子贡不服气地看着孔子，孔子对子贡说："要不我们让马夫去试试？"

马夫和农夫都是庄稼人，马夫找到农夫后，先聊了会儿天，两人渐渐熟络后，马夫对农夫说："我们是第一次来你们这里，你也从没有去过我们那里，但是我们那里的庄稼和你们这里的庄稼长得一模一样。饿极的马儿不知道这是你的庄稼而不能吃，我们也没有及时拦住，是我们的疏忽。你何必跟一个畜生太计较呢？回去我一定好好管教管教，这次就放过它吧。"

农夫听了马夫的话，觉得很有道理，就让马夫把马儿牵了回去。

下次记得要准时喂马。

冯梦龙点评

俗话说："话不投机半句多。"马夫虽然没读过什么书，但他和农夫的学识、修养差不多，有着共同的话题，因此能用浅显的话说服农夫。我们总以为"有理走遍天下"，但真正的沟通是需要换位思考，懂得变通的。

宋太祖
让拙舌侍卫接待巧舌使者

宋朝初年，南方还没统一。南唐皇帝为了保住自己的国家，就万般讨好宋太祖，定期向宋朝进贡。有一次，南唐派使者徐铉（xuàn）到宋朝来朝贡。按照惯例，宋朝也应该派一名官员去接待徐铉。

徐铉这个人学识渊博，能说会道，在南唐很有名气。宋太祖也正想趁这个机会让朝中的文臣"教育"一下徐铉，就让宰相去挑接待的人。可谁知朝中官员没有人愿意去，他们都害怕在接待过程中说不过徐铉，给皇帝丢脸。

> 这么怂？

> 大家都没底气啊！

宰相挑来挑去也没挑到合适的人选，只好来请示宋太祖。宋太祖转念一想，随即让官员准备十个不识字的侍卫名单。不一会儿，名单就呈了上来。宋太祖扫了一眼，便大笔一挥圈出了一个人名，对宰相说："就这个人吧。"

> 就选这个侍卫！

宰相很吃惊，因为他根本不知道这个侍卫有什么才能，但又不敢反驳，只好催促这名侍卫赶紧去和徐铉会合。侍卫也不明所以，但是皇帝的命令他又不能不听，只好硬着头皮南下渡江去迎接徐铉。

徐铉以为这个侍卫是宋朝的才子，便与他侃侃而谈，并且滔滔不绝地讲起了大道理，还数落宋朝的各种不是，可是这个侍卫根本听不懂徐铉在说什么，只能"嗯嗯"附和着。

徐铉没有察觉，依然喋喋不休。侍卫心想：我又听不懂你在说什么，你还一直叽叽歪歪说个不停，也不嫌累！但他又不敢表露不满，只能继续"嗯嗯"地点头。

徐铉发现自己一连说了几天，也得不到侍卫的回应，便感觉没有意思，也就不再说话了。就这样，徐铉的傲气被一个文盲给打击了，一场潜在的斗智危机，就这么化解了。

冯梦龙点评

其实，宋太祖采取的办法很简单，那就是以愚困智。徐铉虽然是能言善辩的才子，但是侍卫却是大字不识一个，两人的思想根本不在同一境界，徐铉对侍卫侃侃而谈，无异于对牛弹琴罢了。

燕昭王
为郭隗筑台，招天下贤士

战国时期，燕国发生了内乱，而齐国却趁乱攻打燕国，燕国被打得几乎亡国。在这危难之际，燕昭王接任为燕国的国君，平定了局势。

每每想到齐国趁火打劫，燕昭王就恨得牙痒痒，但齐国强大，不是刚遭受动乱的燕国可以打得过的。君子报仇，十年不晚。若想报仇，就必须壮大国家，而这就要靠人才了。

燕昭王花重金到处求才，并允诺予以高官厚禄，却迟迟没有招揽到人才。燕昭王又苦闷又着急，他向大臣郭隗（wěi）询问原因。

郭隗没有直接回答，而是给燕昭王讲了个小故事。

从前有个富人爱马，出价千金想买一匹好马，但三年过去了都没买到好马。终于，有人找到他，说自己有办法帮他找到好马。

三个月后，那人跑回来说自己找到好马了，而且只需要五百两黄金。富人很高兴，但当他看到那人带来的"好马"只有一颗马头时，脸色顿时就黑了下来。他怒喝道："我要马头有何用！"

那人告诉富人，五百两黄金买一颗马头其实只是噱头，意在告诉世人他是真心爱马，愿以千金求之。果然不出一年，富人如愿以偿求得好马。

我送你的不是马，是名声，是帮你制造新闻。

招聘要有仪式感！

郭隗讲完故事，对燕昭王说："大王如果真想招纳贤才，不妨就从我身上做起，让天下人都看到，像我这样没啥才能的人都能得到您的尊重，更何况那些德才大大超过我的人呢？这样国内外的贤才就会不远千里向我国聚集了。"

燕昭王听后对郭隗行拜师礼，并为他修了一座黄金台。

燕昭王给郭隗修黄金台的事儿很快就传扬到各地，成了爆炸性的新闻。

不久，各国有本事的人纷至沓来。燕昭王干脆把黄金台当作招揽人才的基地，渐渐地燕国便人才济济了。

有了这些文韬武略的人才辅佐，燕国的实力与日俱增。

士为知己者死！

读典故 学成语

"燕昭好马"这个成语来源于《旧唐书》，原文是"燕昭好马，则骏马来庭；叶公好龙，则真龙入室"。故事原型就是上文提到的郭隗借古代君王千金买马的故事，劝说燕昭王真心求贤。现在常被用作求贤的典故。

什么事?

廉希宪
尊重穷秀才,远离投降派

　　元朝时,廉希宪在朝中担任相当于副宰相的大官。他是个对自己要求非常严格的人,而且一辈子礼贤下士,即便已经做得很好了,还老怕哪儿做得不够好。

　　一天,大臣刘整来拜访他。这个刘整可不简单,他原来是南宋大将,但大概是名字取得不好,刘整刘整,留下来就挨整,结果遭人陷害,最后投降了元朝。降元后,刘整为元朝创建了水军,参与了灭亡南宋的战争,"汉奸"这顶帽子着实是摘不掉了。因为对南宋作战有功,他当了元朝的大官。

　　但廉希宪可没给刘整好脸,他让管家把会客厅的椅子撤了。刘整来到会客厅向廉希宪行礼,廉希宪也不还礼,更没有让座看茶,就直接问他有什么事。刘整这次本是想奉承一下廉希宪,和他处好关系,结果廉希宪连个好脸色都没给,于是刘整就愤愤地走了。

这诗有点杜甫的风格，好！

刘整走后，会客厅又来了一位南宋秀才。这位秀才看来生活困顿，兜儿比脸干净，穿的是乞丐装，寒酸得不得了。可廉希宪不仅让这个书生坐下，还热情款待他。

秀才拿出诗文，对廉希宪说："这是我写的一点东西，请您指教。"廉希宪赶紧认真阅读，还连连称赞。

廉希宪的弟弟看到这个场面，疑惑地问哥哥："哥啊，刘整是个大官，你都不让人家坐一下。穷秀才也就是个普通知识分子，你对他却非常礼貌。这是什么道理？我看不懂。"

哥，你这算贵贱不分吗？

廉希宪说："这岂是你能理解的。大臣的一言一行，一举一动，都关系到天下国家。刘整是个大官，但他是背叛南宋投降过来的，背恩弃主。人家这位秀才没有什么不是，是来讨论学问的，我没必要摆个官架子。"

廉希宪深知，元朝从北方沙漠起家，靠武力和拳头一步步走到今天，这帮人肚里缺墨水，脑袋里缺文化。如果当权者不尊重文人，儒学恐怕就会失传，那国家又该如何治理呢？

萧何
不爱黄金爱文献

秦朝末年，许多起义军都参与到灭秦行动中。刘邦率领的军队幸运地率先攻入大秦的都城咸阳。面对这繁华的都城，有的人去争抢金银财宝，有的人被美女迷得神魂颠倒，就连刘邦自己都被华丽的宫殿迷花了眼，打算长住不走了。

唯独有一人没有被这些诱惑，这个人就是萧何。他一到咸阳，就去秦宫搜集户籍、地图、法律、古籍等文献资料。这些"破书"虽然换不了多少军费，但是却包含了国家的重要信息。

后来，在刘邦与项羽的交战中，这些资料对最终的胜利起到了很大的作用。可见萧何的眼光是多么长远。

宰相一发慌，
百姓就瞎猜！

吕夷简
不慌不忙见皇上

宋朝时，宋仁宗生了病，很长一段时间不能上朝。有一天，宋仁宗病情好转，就赶紧让大臣吕夷简和赞公前来汇报。

赞公恨不得肋下生双翼，脚踏风火轮般地赶去皇宫，于是很快就到了皇帝面前。而吕夷简却是慢吞吞地走着，过了一个多时辰才到。宋仁宗就质问吕夷简："你怎么才到？我们都等你等半晌了。"

吕夷简说道："微臣知道您很着急，我也着急，所以我一接到召令就马上动身。可是臣又一想，全天下的人民都在关心您的身体，您这么久没上朝，要是突然召见我们，大家心中难免不会生疑。我如果再急急忙忙地赶来见您，那恐怕就会惊动很多人了。"

宋仁宗一听就明白了，觉得吕夷简是可以顾全大局的人，心里对他更加看重。

蔺相如
不计前嫌将相和

战国时期，秦国强大起来以后，常常欺负别的国家。秦王自打知道赵王得了一件无价之宝——和氏璧之后，就一心想把和氏璧占为己有。

赵王心里是一万个不愿意，但又不敢得罪秦国，于是便派大臣蔺相如去见秦王。蔺相如和秦王经过好几轮斗智斗勇之后，成功地将和氏璧带回了赵国。蔺相如这次可是立了大功，赵王封他做上大夫。

璧可碎，我可死，你要试试吗？

过了几年，秦王又来找碴，约赵王在渑池会面，蔺相如也跟着一起去了。在宴会上，秦王处处侮辱赵王，蔺相如忍不了，就为赵王出气。蔺相如在渑池会面上又立了功，被封为上卿，这就比大将军廉颇的官位还要高了。

请秦王为赵王击缶！

廉颇很不服气，他对别人说："我廉颇立下了那么多战功，他蔺相如就靠一张嘴，反而爬到我头上去了。要是让我碰见他，我一定要让他出出丑！"

蔺相如听说了，就请病假不上朝，免得跟廉颇碰面。有一天，蔺相如坐车出去，远远看见廉颇过来了，他赶紧叫车夫把车往回赶。

　　蔺相如的门客们可看不顺眼了，对蔺相如说："您见了廉颇像老鼠见了猫似的，为什么要怕他呢？"蔺相如说："诸位请想一想，廉将军和秦王比，谁厉害？"门客们说："当然是秦王厉害！"

　　蔺相如说："秦王我都不怕，还会怕廉将军吗？秦王之所以不敢进攻我们赵国，就是因为有我们两个人在。如果我们俩闹不和，就会削弱赵国的力量，秦国必然乘机来攻打我们。我之所以避着廉将军，为的是我们赵国啊！"

　　蔺相如的话传到了廉颇的耳朵里。廉颇静下心来想了想，觉得自己为了争一口气，就不顾国家利益，真不应该。于是，他脱下战袍，背上绑着荆条，到蔺相如门上请罪。蔺相如见廉颇来请罪，连忙出来迎接。从此以后，他们俩成了好朋友，同心协力保卫赵国。

老将来向你负荆请罪了！

冯煖
为孟尝君烧债买"义"

战国时期，王公贵族们为了增强自己的势力，广招贤士。孟尝君是齐威王的孙子，他当上齐国的相国之后，很多有识之士纷纷投到他的门下。

孟尝君门下有三千门客，养他们可需要大量的钱，而仅仅依靠自己的俸禄远远不够。孟尝君就在自己的封地薛邑向老百姓放高利贷收利息，以此维持巨大的开销。

有一天，孟尝君对门客们说道："你们谁能够替我去薛邑收债？"这时候，冯煖自告奋勇，说自己愿意前往。

临行前，冯煖向孟尝君问道："收完债之后您需要买点儿什么吗？"

孟尝君答道："先生看着办吧，您觉得我家里缺什么就买什么。"

冯煖到了薛邑，召集欠债的老百姓一一核对债券。核对无误后，冯煖就诈称孟尝君有意免除所欠债务，并将债券回收后当众烧毁。这些为还债而着急的穷苦老百姓都叩头欢呼。

很快，冯煖驱车回到齐国，孟尝君觉得很奇怪，整装出来接见他说："债都收完了吗？"冯煖说："收完了。"孟尝君问："你买了什么回来？"冯煖说："我认为您唯独缺少的就是老百姓对您的'义'，就给您买回来了。"

听了冯煖的话，孟尝君十分不解。冯煖解释道："薛邑是您的封地，百姓都是您的子民，他们穷得没钱还债，我干脆免除他们的债务。老百姓为此都对您感恩戴德，这就是我为您买回来的'义'。"

听了他的话，孟尝君很不高兴，心想："我要这个所谓的'义'有什么用？"但事情已经这样，他也无计可施，只好挥手让冯煖退下。

这玩意儿不能打仗，也不能吃喝！

后来，齐王担心孟尝君权势太大，打发他回到封地薛邑去。当走到距离薛邑还有一百多里地的时候，孟尝君忽然发现薛邑的老百姓扶老携幼，来路旁迎接他。看到这番情景，孟尝君才体会到冯煖的深意，颇有感触地对冯煖说："先生给我买的'义'，我今天看到了。"

薛城

胡濙
新科状元要"寻"不要"捉"

    明朝时期，礼部尚书胡濙是一个遇事沉着冷静的人。有一天在上早朝的时候，太监宣新科状元彭鸣进殿，可彭鸣居然没出现。

    原来，按照惯例，新科状元要在早朝时向皇帝谢恩。在觐见皇帝的前一天晚上，彭鸣由于害怕迟到，准备坐到天亮。可没想到凌晨三点的时候，他竟然靠着茶几睡着了，因而错过了上朝面圣的时间。

    朝堂上，御使马上建议皇帝派锦衣卫去捉拿彭鸣。这时候，胡濙站出来禀告皇帝："彭鸣不到，应该让锦衣卫去'寻找'，而不是'捉拿'。"

    皇帝采纳了胡濙的建议，不然一个新科状元被当作犯人拘捕，实在是斯文扫地。胡濙的做法的确是不失大体啊！

我在博物馆做小小讲解员

暑假期间，春宝准备参加社会实践活动，经过笔试和面试，她成了一家博物馆的小小讲解员。

你在这儿讲解，有工资吗？

当然，高薪！能吃得饱饱的。

就管一顿盒饭啊？

哪能是吃饭这点待遇，是知识的养分让我吃得饱饱的。

天天讲一样的多无聊啊！

不会呀！能接触不同的人，回答不同的提问，这都让我很期待呢。

哎，那也挺累的啊。

感觉自己能为社会做点贡献，挺开心的。

没想到做志愿者还有这么多好处！

走出家门，暑假肯定更精彩。

远犹 卷

隐而不显，别人琢磨不透

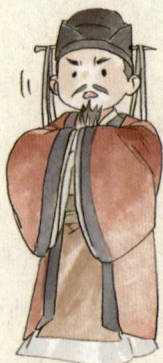

源自原著 卷二

谋之不远，是用大简。

人我迭居，吉凶环转。

老成借筹，宁深毋浅。

集《远犹》。

谋略不够深远，就容易流于轻率。

富贵贫贱会互相转换，吉凶祸福在交替循环。

因此，老练的人筹划时，宁可考虑得深远些，也不会只顾眼前。

这类故事汇编成《远犹》卷。

李沆
多给皇上报忧

　　宋朝时，边疆未定，经常有外敌侵扰，而大臣们则经常需要加班加点，处理各类烦琐的军务大事。李沆（hàng）担任宰相时，经常和副宰相王旦一起商量事情，常常忙到天黑才吃得上饭。

　　长期加班，王旦不免有些感叹，抱怨道："什么时候天下才能太平，好让我们这些人稍微轻松一下，过过悠闲的日子啊。"

　　李沆说道："国家有强敌外患也并不全是坏事，至少皇帝、臣子都不敢放松警惕。将来天下太平，没有祸患了，也不一定能高枕无忧，朝廷未必就不会出乱子啊！"

祸兮福之所倚！

　　李沆每天都要将全国各地报来的坏消息，诸如某某地方发洪水啦，某某地方闹旱灾啦，某某地方有土匪等等，一条一条详细奏报给皇帝过目。

　　看着宰相大人总是报忧不报喜，还事无巨细逐一陈说，王旦对此很不理解。他觉得有些事情不过是小事，大臣们商量一下，自个儿处理就好了，实在没有必要去麻烦皇帝。

李沆看了看王旦说道："皇上正值壮年，应当让他了解民间的疾苦、治国的艰难。不然的话，以皇上血气方刚的年纪，恐怕不是流连于声色犬马，就是去大兴土木、求神问道了。我已经老了，未必会看到那一天，但这些都是你将来要担忧的事情啊！"

王旦当时听了李沆的一番话并没当一回事。但果不其然，当战乱平定，天下太平后，宋真宗在奸臣的怂恿下，开始搞起了封禅祭祀、崇道拜佛、兴建宫殿等事情，耗财耗力。

这个时候，王旦才回想起李沆的谆谆教诲，深有感触："李相可真是'圣人'啊！"

果然是闲能生邪啊！

刘大夏
拒绝用密件上奏

明朝中期，明孝宗很喜欢兵部尚书刘大夏。有一天，他召见刘大夏说："朕常想召你来商议一些事，却又往往因为那些事不属于兵部的管辖范围而打消了念头，今后有该实行、该罢黜的事，你可以直接以密件的形式呈上来。"

对大臣来说，有资格向皇帝呈送密件是莫大的荣幸，可没想到，刘大夏想都没想就回绝了。皇帝很惊讶。刘大夏解释道："您还记得李孜省通过密件欺上瞒下、贪赃枉法的事吗？"

皇帝说："你是为了议论国事，怎么可以和李孜省的小人行径相比呢？"刘大夏说："微臣上呈密件，朝廷推行密件，慢慢成了规矩，就容易让坏人钻空子。万一有坏人也利用这种方法，祸害会非常大。陛下应当向古代英明的帝王学习，公事的是非要和群臣公开讨论。"皇帝听后，不停地称赞刘大夏。

读典故 学成语

磊落光明，也作光明磊落，这个成语来源于《明史·刘大夏传》，原文是"磊落光明，刚言鲠亮，有古大臣节概"。形容胸怀坦荡，光明正大。

臣不喜欢打"小报告"！

富弼
不要例外的赏赐

　　宋朝的第五位皇帝宋英宗刚即位时，要给大臣们赏赐一些先帝的遗物。大臣富弼任枢密使，相当于现代的国防部长，这可是很大的官了，自然在受赏之列。东西都赏下去后，皇帝对富弼说还有额外的赏赐要给他。谁会跟赏赐过不去呢？然而富弼却较真儿了，他就敢跟皇恩说"不"。

　　皇帝觉得可能是因为富弼放不下面子，于是偷偷地派一个太监去做富弼的思想工作："富大人啊，您别紧张，这是皇上额外的恩赐，您就心安理得地拿了吧。"

　　富弼的回答掷地有声："今儿我富某接受了皇上例外的恩赐，若是将来皇上要违反原则，做出什么例外的事情，到时候我吃人家的嘴软，还能有脸去劝阻皇上吗？"

　　最终，富弼还是没有接受这例外的赏赐。

老臣不喜欢"例外"！

孔子
做好事就应该得到奖励

春秋时期，鲁国规定：凡是鲁国人看到本国人在他国沦为奴隶，可以先自掏腰包把人赎回，回来之后再到官府领取赎金和奖励。

子贡是孔子众弟子中最富有的，他跟随孔子周游列国时，多次遇到鲁国人在他国沦为奴隶。作为鲁国人，子贡二话不说就用钱去把那些人赎了回来。子贡觉得自己也不差这点钱，就没去官府领赎金和奖励。

孔子听说了这件事却很生气，他对子贡说："这件事你做错了。从今往后，我们鲁国不会再有人去赎回同胞了。要知道，如果你接受国家的赎金和奖励，这并不会损害你的品行；但如果你拒绝接受应得的奖励，其他人也可能被要求以你为榜样，不能去领赎金和奖励。换作一个没钱的人，既要掏钱又不能领奖励，他肯定不愿意去赎人了。"

让许多人行善才是大善。

孔子的另外一个弟子子路，有一天在路上看到一个人掉在水里快要淹死了，就下去把他救了上来。这个人为了感谢子路的救命之恩，将一头牛送给了他，子路欣然接受了。

有人觉得子路的做法不对，救人怎么能贪图回报呢？但孔子听说了这件事后很高兴，称赞子路："从今以后，鲁国勇于救人的人会更多的。"

冯梦龙点评

俗话说"做好事不留名"，按照常理来说，子贡不领取赎金比子路收牛做谢礼显得高尚得多，但孔子却认为子路的做法可取，子贡的做法不可取。

其实道理很简单，孔子认为做了好事就应该得到应有的奖励，这才有利于好人好事的推广和传播，让更多的人参与其中，形成良好的风气。

无私奉献固然很好，但能让更多人参与，大家都抢着做好人好事，这才是做好事要达到的效果。

见义勇为就应该被大力宣传。

王铎
不要用税金代替运输

　　唐朝晚期，王铎（duó）是京城的二把手（相当于现代的副市长），而李蟾则担任财政大臣。李蟾每年都安排把江淮产的米运到京城，每斗米的运费高达七百钱。当时京城的米价是每斗米四十钱，因此有人建议江淮各地不必运米到京城，只要按每斗米七百钱纳税就行了。李蟾觉得这个建议很好，可以省不少工夫。

　　王铎说："账可不是这么算的。从江淮往京城运米，不仅让很多无地的运夫有工作可做，更能确保京城有足够的粮食储备。如果只在京城买米，消耗的是京城有限的存粮，那么米价很快就会上涨，弊大于利呀！"

　　可是用纳税代替运米的法令已经施行，也没有其他人敢说个不字。

今天午餐直接
吃钱可以吗？

过了一段时间，京城的米因为供不应求而涨价。来往京城的人也因此大减，京城的客栈、饭馆等因客源不足纷纷歇业。同时，江淮至京城沿途的所有生意均受到影响，大多数店铺关门停业，呈现出一片萧条的景象。

李蟾的官也当不成了，因为京城的百姓都买不到粮食，他没脸再干下去，就辞职了。

此时，朝廷上下也感觉到了这件事情带来的不良后果，不得不对王铎的远见卓识表示叹服。王铎也因此得到了皇帝的重用。

看问题要看本质，粮食安全就是国家安全。

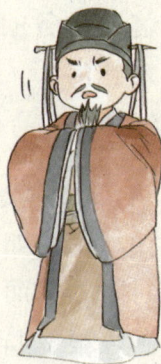

明朝让商人运粮去补给边境，又招募农民在边境开荒制盐，再让商人把盐运回内地。这是运盐和屯田相互依存的好办法。注重小利则不能成就大事，就像李蟾节省的运费引起了一连串的问题。所以我们在想问题时，一定要全面考虑，不能流于片面。

孙伯纯
盐场的优势会变成劣势

宋朝的孙伯纯是一位很有远见的大臣。他在海州当地方官的时候，主管给京城运粮的部门——发运司，要求在当地建三个盐场，孙伯纯认为这样做并不好，于是就拒绝了。

> 这是重复建设！

发运司觉得孙伯纯不可理喻，于是主管这项事务的发运使亲自来到海州，决意要执行建盐场的命令。

孙伯纯犯起了倔脾气，无论如何就是不肯同意。然而海州当地的百姓很支持发运使，纷纷拦住孙伯纯，都说建盐场能给当地带来很多便利。

孙伯纯耐心地对他们解释道："你们要从长远的角度来看。在我们这里建盐场，虽然眼下看来有利可图，但问题的关键在于销售，而不是供应不足。如果盐产量过大却销售不出去，造成的恶果三十年后才会显现出来，到时候你们就等着瞧吧。"

> 咱们能拼得过两浙的盐厂吗？

孙伯纯主政海州期间，海州始终没能建盐场，等他离任之后，发运司终于如愿在海州建了盐场。

三十年之后，海州一带因盐场看似有利可图，朝廷在这里大肆征税征兵役；同时盗贼盛行，比过去更多更频繁。而盐场生产的盐却因为滞销，像山丘一样堆积，亏损得很厉害，债务常年积累，导致很多人破产。孙伯纯的话到底是应验了。

这盐不能当饭吃啊！

还有一次，朝廷向海州征收制作弓弩用的材料，海州历来不生产这些东西，所以当地老百姓请求用鱼鳔做成的胶来替代。

孙伯纯却说："朝廷都知道我们海州不生产弓弩材料，这一次只不过因为战场急需，所以临时征调而已。如果用鱼鳔做成的胶替代，让朝廷觉得海州盛产军用原材料，于是年年征调，到时候就没完没了。苦的可是海州的老百姓啊！"

孙伯纯为官时处处从长远考虑，而不贪图近利，真可谓是一位有远见、为百姓考虑的好官啊！

这是他亲笔写的！

韩雍
装聋取证救了自己

明朝时期，韩雍曾在江西为官。一天，宁王和弟弟闹不愉快，弟弟就跑到韩雍的官衙里来。韩雍有点疑惑，让人先传话说自己病了，要客人等会儿，并叫人抬来了一张白木小桌备用。

宁王的弟弟见到韩雍，就屏退下人，悄悄地说："宁王要谋反，他要是起兵你会最先遭殃，你要小心啊！"

韩雍故意呆呆地听着，假装自己耳聋，听不到他说的话。宁王的弟弟无奈，就将宁王想谋反的事写在了那张白木小桌上。

宁王的弟弟走后，韩雍立即将这件事情报告给朝廷，朝廷派钦差大臣来稽查。可钦差来的时候，宁王兄弟俩已经和好了，弟弟还誓死否认控告一事，并反指韩雍污蔑宁王。朝廷判了韩雍离间罪，要捉拿他。韩雍连忙把白木小桌拿出来作证，这才证实了自己的清白，被无罪释放。

专题 | 学以致用

筹备运动会要想周到

春宝是个特别爱动脑筋的孩子，秋季刚开学的第二周，她就去找班主任，要商量一些"大事"。

老师，我们班很多同学个子长得太快，班服都穿不上了。按照惯例，过三四周就要举办运动会，是不是提前定制班服？

想得长远，我看好你。

接力赛是得分大项，咱班今年要想夺回冠军，必须提前排练。

没错，只要不掉棒，咱们班实力还是很强的。你和体育老师商量下。

哎呀，不好！明天估计要刮大风，教室里有好多运动会要用的物资，窗户还没关紧。

运动会要提前，下周周末就举办。

明白，我这就安排。

这几天班服该洗干净的就抓紧洗，这周末下午就彩排开幕式。

表演组等会儿开个小会，讨论下方案细节。

通简 卷

洞察真相，就可以化繁为简

源自原著 卷三

世本无事，庸人自扰。

唯通则简，冰消日皎。

集《通简》。

世间本没有什么事端，凡人却经常疑神疑鬼自找麻烦。

只有通达事理，遇事才能化繁为简；就像太阳一出，自然化冰消雪。

这类故事汇编成《通简》卷。

曹参
萧规曹随，减少折腾

刘邦建立汉朝后，萧何任相国。面对连年战争带来的田没人耕，人民流离失所的状况，萧何决定减轻老百姓的徭役，鼓励农民安心生产，这样，汉初的经济逐渐得到了恢复。

萧何临终时，向汉惠帝推荐曹参接任相国。曹参和萧何一样，早年跟随刘邦一同起兵，立下了赫赫战功。当上宰相的曹参，每天按时上班，处理政事，还选了一些文笔不好但很质朴的人做秘书。

大人，这是新水！

你一边儿待着去吧！

俗话说，新官上任三把火。大家都期待着曹参搞点动静出来，可曹参全都按照萧何已经确定的政策办事，一点都不变动。有些大臣看到曹参这样平庸很是不满，也有的大臣着急向他献计献策。

多喝老酒，
少谈新制！

汉惠帝看到曹参这种表现，有点不高兴，就让曹参的儿子曹窋回家私底下问问原因。曹窋休假回家，劝说父亲多做点成绩出来。曹参非常生气，打了他二百鞭。

汉惠帝召来曹参责问："是我让你儿子问你的，你何必打他一顿？"

可曹参自有一套对付他们的办法。凡是就政事向他进言的，曹参都请他们一起喝酒，直到客人喝得酩酊大醉，他们的建议也没来得及提出来。

没事就多读
点书，少耍
花招！

曹参知道皇帝对自己有误解，就对皇帝说："请问皇上，您和先帝相比，哪一个更英明？"

皇帝说："当然是先帝，这不是一目了然的嘛。我怎么能比得上先帝呢？"

曹参又问："那我和萧何哪一个更能干？"

皇帝很坦率地回答："你好像不如萧相国。"

> 如果没有更高明的办法，那就保持不变。

> 我好像有点明白了什么叫"无为而治"。

曹参于是说："确实不错，陛下不如先帝，我又不如萧相国。他们平定了天下，又制定了一整套行之有效的规章制度，我们既然无法超越他们，那么就按照他们制定的制度去治理国家，只要不失职就可以了。"

皇帝听了曹参的话，终于明白了他的良苦用心。

读典故
学成语

　　萧规曹随：来源于汉相曹参全盘继承萧何制定的法令政策的故事。比喻后人沿袭前人的规章制度。萧规曹随并不是贬义词，曹参的做法也不等同于墨守成规，他是在认真分析后采用了"不折腾"的治国策略。冯梦龙认为，曹参表面上看似在掩饰自己的短处，其实却展现了他的长处。

缓办案，案件少

明朝时期，赵豫新任松江太守。这里的老百姓打官司成风，邻里经常因为芝麻绿豆大点的事就闹到衙门，这可把太守累坏了。可是衙门天天为邻里纠纷焦头烂额，真正的大案反而没时间处理，恶人仍逍遥法外。

赵豫上任后，一改衙门往日作风，凡是不紧急的讼案，都让次日再来诉讼。时间一长，他就得了个"明日来太守"的外号。

说来也奇怪，渐渐地，当地打官司的现象居然逐渐变少了，社会治安也更好了。原来，很多闹到衙门的官司都是鸡毛蒜皮的小事，原本怒火中烧的当事人第二天气自然就消了，也就不用兴师动众地去打官司了。那些真正重要的案子，则顺理成章得到了升堂审理的机会。

回家好好想想，明天再来！

诸葛亮
平定南方，沿用原官

三国时期，蜀国南方的蛮夷总是制造动乱，诸葛亮率军平定，蛮夷最终臣服了蜀国。选择什么人来管理这个地方呢？经过深思熟虑之后，诸葛亮决定还是任命当地人的首领继续管理当地。

南中地区还是由你来管理。

但这一做法也引起了朝中大臣的顾虑，很多人都觉得还是用自己人稳妥些。有人就说道："丞相神机妙算，蛮夷都已臣服。但是蛮夷不比汉人，他们说变就变，今天老实，明天可能就又叛变了。所以应该让汉人来治理这些蛮人，慢慢地让他们接受汉人的政令教化。"

诸葛亮笑道："你是只知其一，不知其二。我给你们讲三条原因。"

"第一，如果要让汉人当官治理他们，就必须留下军队，而军队留下来就必须花费钱和粮食，长此以往，耗费非常大。"

军费

军粮

"第二，南方蛮夷刚经历战乱，很多人的父亲兄弟被我们的战士杀了，如果让汉人当官容易引起他们的反感。"

"第三，官员在施政的时候，需要承担一些诸如罢黜官员或是处决罪犯之类的职责，时间久了就容易产生摩擦，如果由汉人来当官，还是不能取信于蛮夷。"

"所以我让夷人当官，既不需要留军队，又不必运粮食，而且夷、汉之间又能相安无事，这不是很好吗?"

大臣们听了都觉得诸葛亮说得很有道理。

后来，正如诸葛亮预想的那样，一直到他去世为止，夷人也一直没有反叛过。

吴惠

诚心安抚总会打动人

明朝时期，吴惠担任桂林知府期间，恰巧碰到属地义宁的蛮夷起兵叛乱。监察官准备请示朝廷，派兵征讨。吴惠急忙表示："义宁是我管理的地方，我先去招抚他们，如果不行再征讨也不晚。"

吴惠带着十多个随从，坐轿子去了义宁蛮夷盘踞的地方。那里地势绝险，山石突起有如剑矛，汉人难以行进，但蛮人却可赤脚奔跑如飞。他们听说知府来到，就去报告了首领，吴惠才得以进入。

吴惠告诉他们说:"我是你们的父母官,是来救你们的,我没有恶意。"接着,吴惠反复告诉他们顺从与叛逆的后果。众人连连应答。

路由你们自己选择。

首领非常感动,留吴惠住了几天,杀羊宰猪款待他,后来又派人护送他出境。吴惠临行前说:"好好考虑,以免以后后悔。"几千蛮人都放下兵器拜谢,发誓永不反叛。

吴惠回来报告监察官,朝廷这才罢兵。令人没想到的是,第二年,周边的武冈州有盗贼作乱,对外声称推举义宁的蛮夷首领为主帅。监察官听了之后责怪吴惠养虎为患。

吴惠说:"去年我主张安抚,您主张征讨,今年蛮夷有变,责任在我。"于是吴惠又派人去了义宁。蛮夷从山头上看见使者到来,详细说明了武冈州盗贼冤枉义宁人的经过。

消息传回来后,监察官非常惭愧。而武冈州的盗贼也从此颓废不振。

义宁人感念吴惠的恩德,将他视同父母。吴惠在桂林任职期间,边境上从来没有人敢来骚扰。

在面对蛮夷反叛的时候,很多人第一反应是派军清剿,选择用对抗方式解决问题。而实际上,这可能并不是一种最佳的方法。

献给吴大人。

林兴祖
妙诱造伪钞的主犯

元朝时期，林兴祖任铅山州的知州。铅山这个地方有个叫吴文友的人，这个人阴险狡诈、凶狠恶毒，他带领一帮人制造假钞，祸害了多个省份。吴文友还在衙门里安插了四五十人，遇到有人来举报他的，同党就通风报信，联合起来去收拾告状的人。

告状要讲证据！

十余年间，吴文友杀人害命、强占民女，百姓深受其害，有冤难申。林兴祖到任后，发誓一定要除掉吴文友这个祸害。他张贴榜文宣布禁止制假售假，规定被抓到后处以重罪，并且对最先检举揭发的人给予奖励。

不久就有一个人来状告某个地方有人私造假钞，林兴祖心生一计，故意说他状告不实，证据不足，当着众人的面训斥他一顿就让他回去了。

吴文友以为林兴祖不是真心打击自己，就继续造假钞。林兴祖则安排得力的衙役，悄悄地跟踪和暗访造假钞的作坊，摸清他们的底细。等第二次又有人来告状时，林兴祖立即抓捕了两个制造假钞的嫌疑人，收缴了赃物，带回衙门审问。

人赃俱获！

　　由于证据确凿，那两人无法狡辩，暂被关进大牢。

　　罪魁祸首吴文友看到官府真抓人，就坐不住了。他凭自己在官府有内应，便亲自跑到官府里去想把人救出来。林兴祖见到他后，知道计谋奏效了，内心微微一笑：你这是自投罗网来了。直接让衙役抓了吴文友。

　　百姓听到首犯被抓的消息，来告状的人络绎不绝。于是林兴祖召集民众，挑出几件罪大恶极的案件公开审理，给吴文友定了重罪，平息了百姓心中的怒火。接下来，林兴祖又陆续抓捕了吴文友的党羽并依法处置，铅山的百姓慢慢地恢复了以前平静的生活。

迎刃卷

足智多谋，就可以游刃有余

源自原著 卷四

危峦前阨，洪波后沸。

人皆棘手，我独掉臂。

动于万全，出于不意。

游刃有余，庖丁之技。

集《迎刃》。

前有险峰拦路，后有狂涛逼来；

人人都感棘手，我却振臂奋起。

行动前自己已经考虑周全，出手时必在别人意料之外。

在牛骨缝隙间灵活运转刀刃，像丁氏厨师那样技艺超群。

这类故事汇编成《迎刃》卷。

主父偃
千古阳谋推恩令

推翻秦朝后，刘邦当了皇帝。他以前给一些名将画过"大饼"，兑现时封了七个"异姓王"；为了巩固刘家江山，又分封了九个"同姓王"。这些诸侯王的地盘占了全国半壁江山。诸侯王权力很大，在封国（藩国）内基本上就是"土皇帝"。而且，老诸侯王死了，嫡长子可以接班，成为新的诸侯王。

皇帝很快就容不下"异姓王"，把他们一个个铲除掉了。可是"同姓王"也很碍事啊！在大臣晁错的建议下，汉景帝通过加封新诸侯国、收回部分封地来削弱原诸侯国，这可惹毛了诸侯王，他们联合起来造反，掀起了"七国之乱"。

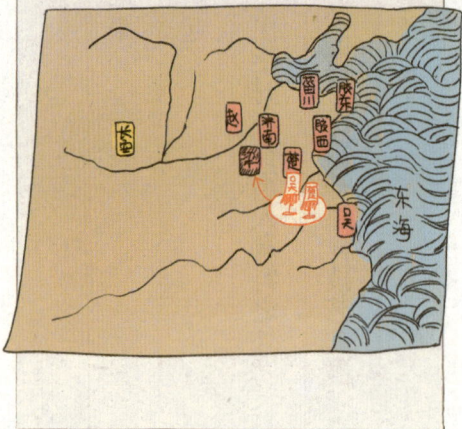

"七国之乱"平息后，"同姓王"的用人权和收税权都被朝廷收回，成了"闲王爷"，权力虽被大大削弱，但地盘加起来依然很大。这种状况一直延续到汉武帝登基后。

有个叫主父偃的人很有才华，不过他出身比较贫寒，周游诸侯国时很不受待见。于是，他跑到都城找汉武帝，幸运地受到赏识，连升四级，当上了朝廷顾问。

微臣有一策，让王爷们个个拥护陛下。

主父偃认为，汉初分封的诸侯国还有相当的实力，这对于推行中央政令非常不利。于是，他向汉武帝提出了一个加强朝廷权力，且完全不同于晁错削藩的建议——推恩。

具体方法就是，皇帝推广恩泽，在诸侯国内，不再只由嫡长子一人继承王位，而是允许诸侯王将自己的土地再分封给其他儿子，建立较小的侯国。

这个方法即使被嫡长子反对也不用担心，因为其他王子会以接受皇恩的名义捍卫这项政策——他们都想要得到封地。

我要封地！

我选好了！

我也要！

推恩令发布以后，诸侯国从此越分越小，朝廷则越来越强大。推恩令这个千古阳谋，让人明知道是陷阱也无法破解，是古人极高智谋的体现。

陈平

智释樊哙，自保平安

西汉的建立者刘邦临终前，把丞相陈平叫到跟前说道："樊哙见我病重，想杀我的儿子和戚夫人（刘邦宠爱的妃子），你先去把他杀了，提着他的首级来见我。"

陈平听后，不知道该怎么办，左右为难。这樊哙是刘邦的老部下，劳苦功高、战功赫赫，而且又是吕太后的妹夫，和刘邦还是亲戚关系，轻易杀不得啊。

更何况，现在樊哙正奉命前往征讨叛乱者卢绾，临阵换将很容易动摇军心。因此，换谁取代樊哙也成了个棘手的问题。

你去提樊哙首级回来见我。

最后陈平给刘邦推荐了大将周勃，两人稍微收拾了一下就出发了。陈平在途中思来想去，直接斩杀樊哙是万万不可行的。他和周勃在车里窃窃私语一番后，终于想出一个折中的法子。

陛下要问你守纪的事！

他俩决定，先把樊哙抓起来，由陈平押送到长安，至于樊哙是生还是死，交由刘邦自己决定。而周勃则负责接替樊哙的位置，领军前去征讨卢绾。

两人按计划行事。到了樊哙的军营前，陈平让人去叫樊哙来接旨。樊哙以为陈平只身前来，觉得应该是传达很平常的命令，于是不以为意，独自一人骑着马出来。

只见樊哙刚下马，周勃就从后面窜出，利落地把樊哙拿住，关进了囚车。

皇上驾崩啦！

陈平押着囚车往长安走，半路上突然得到刘邦驾崩的消息。陈平心里一惊：现如今官里必然是吕后做主，吕后要是知道他奉命斩杀樊哙肯定不会轻饶他。好在樊哙没有死，事情还有转圜的余地。为防夜长梦多，陈平让人快马加鞭往长安方向疾驰。

到了长安之后，陈平就跌跌撞撞地跑入宫中，跪在刘邦灵前，放声大哭道："您让我就地处决樊哙，我不敢轻易处置大臣，现在已经把樊哙押解回来了。"

陈平的这句哭词，其实是说给吕后和她的妹妹听的。吕后姐妹听到樊哙还安然无恙，心里大大地松了一口气。

> 陛下啊，我本来想让您亲自处置樊哙的……

吕后让陈平出宫休息，陈平恳请她让自己留下来，吕后同意了，还拜他为郎中令，让他辅佐新皇。陈平终于成功躲过一劫。

冯梦龙点评

倘若陈平一开始就奉刘邦的命令把樊哙就地斩杀的话，等待他的恐怕将是吕后姐妹的疯狂打击报复。万幸陈平知道樊哙绝非一般人，不是轻易斩杀就能了事的，这才为自己留下了一线生机。

王守仁
有功舍得让，不怕遭暗算

明朝正德年间，第四代宁王朱宸濠想当皇帝，为能成功造反准备了很多年。这一年六月，他在南昌聚集了十万大军，正式起兵。

贪玩的正德皇帝听到这个消息，居然激动起来。他暗暗地想：三个月前自己想南巡，一百多人都来反对，现在自己要御驾亲征，谁都不要拦着。很不幸的是，他遇到了自己的克星——南赣巡抚王守仁，计划一下就被打乱了。

在朱宸濠打算直取南京时，王守仁带兵攻打朱宸濠的老家南昌，朱宸濠顾了头顾不了尾，仅一个多月，就成为王守仁的阶下囚。

皇帝才率领平叛大军出发没多久，就收到了王守仁大捷的消息，他这下郁闷了：怎么他还没上战场，战斗就结束了呢？皇上瞒着王守仁的捷报，依然继续南下，到达南京。

当时王守仁把朱宸濠监禁在浙江，等候皇帝发落。

为了讨好皇帝，皇帝身边的人提出了一个令人惊掉大牙的想法：要王守仁将朱宸濠放回江西，让皇帝亲自去抓。

于是，皇帝派了两位太监前往浙江宣旨。王守仁要求太监出示准备提领囚犯的文书，太监担心引祸上身，便放弃了。

可有文书在？

皇帝身边的宠臣江彬嫉妒王守仁的功劳，便开始造谣："其实一开始王守仁与朱宸濠是一伙的，听说皇上要南巡才将朱宸濠抓住，希望能给自己脱罪！"

皇帝心里正在生气，他本想自己抓住朱宸濠，好在百姓和大臣面前逞逞威风。听江彬这么一说，就更气了。

但其实江彬就是想抓住王守仁，然后向皇帝邀功。王守仁并没有上当，他想，早晚都得将朱宸濠交给皇帝，不如尽快安排。

于是王守仁联系到太监张永，经过商量决定这样办：王守仁将朱宸濠交给张永，再由张永交给皇帝，这样一来，也就不会让江彬那些小人的奸计得逞了。

另外，王守仁这样做也可以阻止皇帝去江西，免得在路途中再遭遇不测。而王守仁则称自己有病，在净慈寺休养。

我最近身体不舒服。

张永回到京城，在皇帝面前大大称赞王守仁的忠贞以及立功避祸的事情，让皇帝明白了王守仁的苦衷，王守仁才得以免罪。

如果当时王守仁与太监们硬碰硬的话，下场很可能不会太好。但是他能够迅速认清形势，没有抓着功劳不放，并且谨防小人的暗算，也是很明智的举措。

冯梦龙点评

有人怀疑王守仁和朱宸濠有勾连，是因为朱宸濠曾有密函送到京城，想在谋逆功成后任用他的心腹之人为巡抚，函中有"王守仁也可以"这样的话。但其实这句话是有缘故的，因为王守仁平日不露锋芒，也没有公开与朱宸濠作对，而朱宸濠只是仰慕王守仁的才华，与王守仁并没什么关系。

平叛初期，许多官员在奏折上依然用"宁府"来称呼朱宸濠，持观望态度，尤为可耻。反而是王守仁直骂逆贼，从中更能看出他的心迹。

蒋瑶
三怼正德帝，讨巧免责罚

　　明朝的时候，扬州知府蒋瑶的胆子很大，敢和正德皇帝对着干。那年皇帝南巡，到淮安之前，淮安知府薛赟为方便给皇帝的船只拉纤，下令强行拆毁沿岸百姓的房屋，搞得百姓怨声载道。

　　当皇帝快要到扬州的时候，有官员建议蒋瑶效仿薛赟的做法。

　　蒋瑶怒斥道："沿河之地并非皇帝临幸的地方，给船只拉纤有河岸就足够了，何必要拆毁百姓的房屋呢？如果有罪，我一个人承担！"

　　皇帝船队到扬州的时候，蒋瑶只派两千人轮番迎驾，比预计的用工数少了五分之四。这样既不会造成人手短缺，也不至于过度劳民。

后来，皇帝的干儿子、宠臣江彬给蒋瑶传旨，让蒋瑶上报扬州的大户，想趁此机会大捞一笔。蒋瑶回答说："扬州百姓都很穷，没有大户！"江彬听了很生气，但也很无奈。

扬州没有大户！

一天，皇帝出去钓鱼，钓上来一条大鱼，他开玩笑说这条鱼值五百两黄金。江彬为了整治蒋瑶，立即附和："请皇上将此鱼卖给太守蒋瑶。"

蒋瑶拿出妻子的发簪、耳环与丝衣呈给皇帝，意思就是微臣家中没有钱，只能拿出这些物品代替五百两黄金。

皇帝觉得蒋瑶很迂腐，也没和他计较。

随后，江彬告诉蒋瑶说皇上要在扬州选数百绣女带回京城。

蒋瑶听后又说："我们扬州的女子都在田间干粗活，没有绣女。扬州城仅有一个善于刺绣的绣女，就是我的女儿，可以将她带去充数。"

江彬被噎得说不出话，将这件事情上报给皇帝，皇帝从蒋瑶的话中知道他的态度坚决，于是就放弃了选拔绣女。

蒋瑶虽然拒绝了皇帝的种种无理要求，但都没被治罪，一直活到八十多岁，这说明了他既善于拒绝，也懂得拒绝的处世智慧。

汪应轸
四计应对正德帝南巡

明朝的正德皇帝非常贪玩。这年三月，他下诏要南巡，但遭到朝中一百多位大臣的反对。他们认为皇帝南巡纯粹就是为了游玩，根本没啥正事。这不仅劳民伤财，而且当时南方还有叛军作乱，他们也担心皇帝的安危。

大臣汪应轸的态度尤为坚决，这让皇帝很恼火。奸臣江彬更是在旁边火上浇油，先把南巡形容得天花乱坠，又说阻拦的大臣眼中肯定没有皇帝。

皇帝眼看南巡的事儿告吹了，一气之下打了汪应轸一顿板子，差点把他打死，然后又把他下放到泗州任知府。

泗州这个地方很穷，那里的百姓不懂得种桑养蚕。汪应轸到任后，先鼓励他们耕田，然后由州府出钱，从湖南买来桑树教他们种植，接着又招募一些妇女，教给她们采桑养蚕的技术。没有多久，泗洲百姓的生活就慢慢富足起来。

这一年六月，宁王叛乱。不久后，皇帝借着讨伐宁王的机会，如愿南巡。

有一天，驿站的使者来报信，说皇帝快要到泗州了，让汪应轸做好迎接的准备。附近的各个州府都忙着筹备迎驾，老百姓害怕被强征劳役，许多人逃到外地躲藏起来。

汪应轸却不慌不忙，没为迎驾做任何准备。有人问他为何如此，他说："我和州里的百姓关系很好，假如圣驾真的到来，一切很快就可以准备好。现在皇上到底来不来都不知道，这样盲目准备，不是劳民伤财吗？"

当时别的州府安排上千人手持火把，在夜间候驾。有的地方甚至提前等了近一个月之久，不少人因此而累死、饿死。

汪应轸下令将火把绑在树上，一个人负责管理十支火把，这样既省力又整齐。等皇帝船队到达的那夜，泗州的火把依然十分整齐有序。

这样点火把太省人力了！

船工号子喊起来!

　　皇帝来巡视，官员除了要向皇帝纳贡外，往往还要被随行的使臣勒索。汪应轸觉得要震慑他们一下，不能任他们胡来。

　　汪应轸特意挑选了一百多名壮士，沿着河岸列队站好。当使臣船只驶来的时候，所有壮士齐声呼喊，震天动地，使臣个个吓得面如土色。然后这些壮士用绳索迅速拉着船往前走，没几个时辰，船就驶离了泗州地界。

　　此后，那些使臣收敛了许多，也不敢随意索取财物了。但有的使臣却对汪应轸怀恨在心。这不，皇帝刚到南京，就在一些人的煽动下，下旨让汪应轸进献数十名善于歌舞弹唱的美女。

　　汪应轸掂量再三，给皇上写了一道奏疏："泗州妇女都是野蛮丑陋的，如果献上会有惊圣驾。但我们有一批会养蚕织丝的巧妇，可以进献到宫中传授技艺。"

　　皇帝见到奏折不禁失笑，连说："好你个汪应轸!"于是进献美女的事情也就作罢了。

整治爱喝酒的爸爸

毛孩最近上课经常打瞌睡，春宝决定问问毛孩，查一查原因。知道原因后，他们制定了一个环环相扣的计划。

我爸最近老是喝得醉醺醺的，不光很晚回家，还总是大声吵吵。

这样啊，既然是你爸，那就要用软办法。我有三个锦囊妙计给你。

您好，您要去哪家？

文明家庭酒鬼免进

此门只向绅士爸爸敞开！

这小屁孩！

我们成功啦！

我保证，以后不在外面乱喝酒了。明天晚餐我来做。

知微卷

刚出现苗头，就能洞察祸福

源自原著 卷五

圣无死地，贤无败局。

缝祸于渺，迎祥于独。

彼昏是违，伏机自触。

集《知微》。

圣人绝不会自陷死地；贤者从不曾遭逢败局。

在祸患出现苗头时迅速弥补，在别人尚未感知时看到祥兆。

不能及早洞察祸福的话，自然就要遭遇暗藏的危险。

这类故事汇编成《知微》卷。

管仲
看透齐桓公四宠臣

　　管仲生活在春秋时期，是帮助齐桓公成为春秋五霸之首的关键性人物。那一年，不再年轻的管仲终于一病不起，齐桓公前去探望他。

　　齐桓公问管仲："干爹啊，您这要是一病不起，国家大事我该找谁商量呢？"

　　管仲想了想说："别的我不想多说什么，但竖刁、易牙、常之巫、卫公子启方都不是什么好人，您一定要远离他们！"

　　齐桓公大惑不解地问道："易牙对我很好啊！为了调理我的身体，连亲儿子都煮了，难道还不可信吗？"管仲摇了摇头说："常言道，虎毒不食子。这人连儿子都能煮，您就不怕他把您也给煮了吗？"

　　齐桓公想了一会儿又问："竖刁总可信吧？他为了进宫伺候我，宁愿受宫刑，这需要多大的勇气啊！"管仲叹了口气："他连自己的身体都忍心伤害，对别人恐怕下手会更狠。"

　　齐桓公又问："常之巫呢？这人可是出了名的大仙，不仅能够预测人的生死，医术也很高，这样的人总可以相信了吧。"

管仲说："医术高明是很好，但装神弄鬼就不好了，为什么要装神弄鬼呢？显然目的不单纯。有这样的人在身边，才是真正的危险啊！"

齐桓公接着问道："那卫公子启方总可以信任吧？他在齐国一待就是十五年，父亲去世都没回国奔丧，如果说这样的人还不可靠，那就没有可靠的人了。"

管仲说："人哪有不爱自己的父亲的呢？连父亲死了都狠心不回去奔丧，对您又会有什么爱心呢？"

齐桓公听后，觉得管仲说得非常有道理，于是就把这些人都赶走了。可齐桓公早被这些人侍候惯了，很怀念被这些人服侍的日子，因此只过了三年，就又把这些人全都叫了回来，而这些人也把拍马屁的本事发挥到了极致。

可令齐桓公没想到的是，在自己病倒以后，这四个人立即卸下了伪装，把强盛的齐国搞得乌烟瘴气。可怜一代霸主齐桓公，最后竟然落得个死后无人收尸的悲惨下场，这难道不是咎由自取吗？

卫姬
看准齐桓公的情绪脸

春秋时期，齐桓公这个霸主当的是相当霸气，想打谁就打谁。但他也有一个缺点，就是心里藏不住事，喜怒哀乐全都挂在脸上。

就说那一年吧，齐桓公觉得卫国国君对自己不尊敬，便跟管仲商量说："卫国国君最近有点不安分，干爹您怎么看？"管仲想了想说："不听话就揍，正好能杀鸡儆猴。"

晚上齐桓公回到寝宫，宠妃卫姬一看到他的脸色，就立即跪趴在地，双眼含泪说："大王啊，虽然我不知道远在卫国的哥哥因为什么事情冲撞了您，但请您相信，他一定是无心的。"

齐桓公一听就愣了："我与卫国没有什么矛盾，你不要胡说。"

我要没娘家了！

卫姬回答说："大王，我可没有胡说。您进来时，迈着大步、怒气冲冲，见到我后又变了脸色，我是卫国人，说明您是因为卫国在生气啊。"

经卫姬这么一说，齐桓公觉得不好意思，便放弃了攻打卫国的念头。

冯梦龙 点评

正因如此，齐桓公才被《智囊》编纂者冯梦龙称为"浅人"，也就是城府不够深的意思。另外，这个故事也告诉我们一个道理：魔鬼就在细节中。智慧不全都是奇思妙想，也可能是洞察一切的能力，就像故事中的妃子、管仲，都是典型代表。

第二天上朝时，管仲问齐桓公："您放弃攻打卫国了？"

齐桓公又一愣说："您怎么看出来了？"

管仲说："看您面带愧色，欲言又止的样子就知道了。"

您脸上藏不住事儿！

英雄所见略同

还有一次，齐桓公与管仲在视察修筑城墙的工地时，站在土堆上商量讨伐莒国一事。可没过两天，这个重大机密便已经传得举国皆知。

齐桓公不乐意了，就责备管仲："干爹您这嘴巴也太大了吧，怎么什么事情都往外说，不知道这是军事机密吗？"

管仲赌咒发誓说自己什么都没说，他认为一定是被高人察觉了。齐桓公这才想起，他们二人在谈话的时候，一个在工地上干活的工人一直盯着他们看，这难道就是干爹口中的高人？于是他连忙把那"高人"叫来问话，果不其然，又是齐桓公的肢体语言出卖了他。

春秋改革家

　　打破旧制度的改革家，都是时代的勇者、智者。春秋时期，许多传统制度已经不再适合当时的社会发展，要想富国强兵，必须着眼改革，于是在当时涌现出许多改革家。比如齐国的管仲、楚国的孙叔敖、吴国的伍子胥和越国的范蠡（lí），在历史上都赫赫有名。

管仲（齐国）

　　管仲在多个领域进行了改革。农业上，根据土地优劣确定纳税多少，相当于承认了土地私有，鼓励了劳动积极性；用人上，强调考察政绩，一定程度上打破了世袭制；军事上实行军民合一，加强士兵训练；政治上主张依法治国；外交上高举"尊王攘夷"的大旗。管仲的这些举措帮助齐桓公成为春秋时期的第一个霸主。

孙叔敖（楚国）

　　用人上实行选举，打破宗法制度，提升治国水平；经济上，让士农工商都得到发展；农业上，主持修建了著名的水利工程芍陂；军事上，打造了一支高质量的常备军。凭借这些改革措施，孙叔敖帮助楚庄王成为春秋中期的霸主。

范蠡（越国）

　　范蠡制定了二十年经济发展规划，可谓超越了时代。他强调产业规模化和集中化生产，调控粮价，还提出了富国强民的国防战备观。范蠡帮助越王勾践成为继吴王阖闾之后的霸主。

伍子胥（吴国）

　　伍子胥对吴国的行政治理、发展生产、武器改良等多个方面进行了改革，主要措施就是"建城郭、设守备、充仓廪、治库兵"，为吴国建立起强悍的水军和陆军。伍子胥帮助吴王阖闾成为春秋后期的霸主。

絺疵
拦不住自大狂智伯

春秋晚期，晋国的国君已经不能有效统治国家了，国内有智、韩、赵、魏等六大军阀把持朝政，其中最强大的军阀是以智伯为首的智家。智家非常霸道，连国君都得敬他三分。

看见赵军狼狈的样子，智伯得意忘形地向另外两家的家主魏桓子、韩康子炫耀道："瞧瞧，我都不用兵，随便在坝上挖个小口子，就能把赵家灭了。"

灭赵就好比瓮中捉鳖！

话说有一年，智伯联合魏、韩两个大军阀，一起攻打晋国的另外一个军阀——赵氏，没过多久，他们便把赵军赶到晋阳城围了起来。为了逼出赵军，智伯挖开了汾水的堤坝，让水灌进晋阳城，把赵军淹得溃不成军。

魏桓子和韩康子你看看我，我看看你，嘴上奉承着，可心里却很不是滋味，因为他们两家的封地也都挨着河，今天智伯可以用水淹了赵家，以后岂不是也能淹了他们家？两人背着智伯，用小动作表达自己的不满。

可这些小动作，全都被一个叫俙疵（xī cī）的人看在眼里。在魏桓子和韩康子离开后，俙疵对智伯说："将军啊，魏、韩两家早就心生不满，恐怕会联合赵家来对付您，您一定要警觉起来！"

没有永恒的盟友，
朋友也可能变成敌人。

智伯问："你怎么知道的？"

俙疵说："难道您没看到吗？联军打了胜仗，他们却不开心，说明他们根本不希望您胜利。另外他们也担心，一旦没了赵家，他们两家就会成为下一个被征伐的对象，所以与灭赵相比，他们更愿意消灭掉您的势力。您要还不警觉，就危险了。"

第二天，智伯把这些话原封不动地告诉魏桓子和韩康子，质问他们想做什么。

魏桓子赶紧说："这是有间谍在替赵家说话，让您因为怀疑我们而放慢攻打赵家的脚步，给赵家喘息的机会。"

你们要背弃
我吗！？

韩康子也附和道："您可千万别听信谗言，让赵家起死回生。"

可智伯一点都不在意，认为这几家联合起来也没有什么可怕的。俙疵一看智伯不可救药，偷偷逃出了晋国，再也没有回来过。

不久后，赵、韩、魏三家果然联合起来，控制了汾水堤坝，用智伯对付赵家的方法来对付智伯，瞬间便让智伯的雄兵虎将变成虾兵蟹将，智伯本人也沦为了他们的俘虏。

两人离开后，俙疵走上来，愤怒地发问："您为什么要把我的话告诉他们？"

智伯不解地问："你怎么知道的？"

俙疵连连摇头："他们走的时候都没敢看我，说明他们知道自己的老底被揭穿了，怕跟我对质呢。"

**智谋故事
后记**

赵、韩、魏三家一怒之下，不仅平分了智家的地盘，还把晋国留下的其他土地也瓜分了，这就是三家分晋的由来。三家分晋标志着东周开始进入战国时期。

穆生
从甜酒小节看未来

话说西汉初年，有一个叫穆生的公子。他多才多艺，是楚元王刘交的知交好友。刘交虽然是一方诸侯，但却没有什么架子，最喜欢和穆生、白生、申公等读书人混在一起。刘交对穆生有多好，从宴席上就能看出来——穆生喝不了白酒，刘交每次都给他单独准备甜酒。

等到刘交的孙子刘戊接任楚王的时候，穆生、白生、申公依然是楚王府的嘉宾。一开始他还记得在宴会上给穆生备好甜酒，可是时间一长，刘戊就把这事儿给忘了。

穆生一看情况不对，便对刘戊说："大王啊，您可能还不知道，我最近身体越来越差，连喘气都费劲，怕是得回老家养养，不然我这条老命就没有了。"

这酒很上头！

刘戊听说穆生要走，顿时心花怒放——他早被这些老家伙管怕了，所以也没有怎么挽留，客套一番就允准了。

白生和申公对穆生的决定大惑不解，问他为什么请辞。穆生说："大王连准备甜酒这种表面功夫都懒得做了，再不走，那就很危险了！"

申公和白生说："就算这样，但先王对我们都很好啊，看在先王的面上，你就原谅大王吧！"

穆生不太赞同地说："先王之所以对我们三人好，是因为他的心里有道义。而现在的大王连道义都忘了，这样的人根本不能长久相处下去。万一哪天我们说得多了，惹怒了他，还可能会有性命之忧。因此你们二人千万不要被义字所困，只有大王有'道'，我们的'义'才有意义，否则就是错付了。"

喝酒要和知己喝！

可申公和白生还是不信，选择继续留在刘戊身边。

但事情正如穆生所料，刘戊荒淫残暴的本性慢慢暴露出来了，甚至因为罔顾礼法被皇帝削去了几块封地。申公和白生苦口婆心地劝诫刘戊，结果双双被判去服劳役。

智谋故事后记

不久，"七国之乱"正式登场，吴王因为造反死于非命，刘戊因为和吴王同谋，也跟着见了阎王。

在这个故事中，申公和白生看似更加仗义，但却缺了点识人之明，只有穆生早早看清刘戊的本质，这才选择离开。这样的选择并不是不念旧情，也并非明哲保身，只是感觉无力回天，不愿做无谓的牺牲品而已。

列子
不接受贵族的赠粮

战国时期，思想家列子隐居在郑国，日子过得紧巴巴的，经常吃了上顿没下顿。因为营养不良，列子看起来总是一副面黄肌瘦的样子。

当时的达官贵人都有自己的智囊团。在郑国大臣郑子阳的智囊团中，有一个人知道列子的境遇后大为震惊，赶紧对郑子阳说："先生啊，不知道您有没有听过列子？这家伙是个了不起的人物，他写的书、讲的寓言，影响力很大。但列子这个人比较低调，鲜少露面。今天我才知道，他就在咱们郑国，可日子却过得苦哈哈的。大王要不要帮助他，再把他纳入麾下？"

郑子阳的智囊团这么大，根本不在乎列子。但他却非常在乎自己的名声和面子，于是立即派人给列子送了满满十大车粮食。

当时，列子正在家里写寓言故事，远远看到有车马朝自己家驶来，赶忙出门迎接。可当他得知是怎么回事后，想都没想就一口拒绝了。

来路不明的礼物不收！

等马车走远后，他的妻子捶胸顿足地埋怨他说："我听说思想家的妻子都是跟着丈夫享福的。现在你的妻子吃都吃不饱，好不容易有人送你点粮食吧，你还不要！你是打算把我饿死吗？"

列子笑了笑说："郑子阳连我是谁都不知道，不过因为别人说了我几句好话，就给我送来了那么多粮食，万一哪一天有人说我不好，他会不会杀了我呢？"

莫名其妙对你好的人，也能毫无来由地陷害你。

随后，列子又苦口婆心地对妻子说："老婆大人啊，一个耳根子软的人，一定没什么主见。别看他现在混得风生水起的，可这个软肋连我这八竿子打不到的人都看出来了，他的敌人难道会看不出来？所以啊，郑子阳早晚是要吃大亏的，我们还是离他越远越好。我们少吃几顿饱饭不至于饿死，但是我们要收了他的赠礼，他哪天倒霉了，我们是要掉脑袋的。"

果不其然，就在列子拒绝郑子阳送粮的第二年，郑国就发生了变乱，郑子阳被敌对势力杀死，他的很多党羽都被株连甚至祸延家族。而淡泊名利的列子，因为没有接受那十大车粮食，并没有被牵连在内。

列子是你朋友吗？

编著者点评

列子的故事告诉我们，不仅话不能乱说，饭也不能乱吃，特别是给你饭吃的是个什么样的人，这一点很重要。比如那些违法犯罪的人，通常会用好处拉你下水，这样的好处，你敢拿吗？有时间读一读列子写的《愚公移山》《两小儿辩日》等寓言故事，一定能从中悟出不少道理。

南文子
识破智伯的糖衣炮弹

春秋时期，晋国最有实力的士大夫智伯瞄上了新目标——卫国，于是大手一挥，向卫国送去了四百匹野马和一块玉璧。

卫国平白无故突然收到这么多礼物，君臣都高兴坏了，只有南文子一人默默无语。卫王看到南文子这副模样，便问他："你难道不希望我们和晋国搞好关系吗？"南文子说："大王啊，有句话叫无功不受禄，智伯为什么送我们这么多好东西，您想过吗？"

卫王问："是为了跟咱们搞好关系吗？"南文子说："我们是小国，晋国是大国，晋国需要巴结咱们吗？有没有可能是用送礼迷惑我们，然后再趁我们不备打过来呢？"

南文子这一席话，让卫王瞬间清醒过来，立即加强了边境守备。果不其然，智伯的大军很快开到了卫国边境，但因为卫国已经做好了充分的准备，因此智伯并没有占到便宜，只得撤军。

校门口的安全预判

最近，校门口的马路在改造，给同学们出入校园带来不便，也带来了安全隐患。

咱们走东门吧，南门在改造不好走。

一起走吧。

你别从南门出了，下过雨更不好走。

我不想绕那么远。

哎呀，鞋子湿了！

这下好了，焕然一新啊！

这路这么宽这么直，路上车速一定很快，咱们以后过马路需要更加当心了。

一周后，南门路修好。

我要给交警叔叔提建议，这里得设减速带。

亿中卷

料事必中，谁都无法隐瞒

源自原著 卷六

4
○ 卷首语原文

镜物之情，揆事之本。

福始祸先，验不回瞬。

藏钩射覆，莫予能隐。

集《亿中》。

○ 卷首语译文

察明事物的内情，推测事件的本源。

看到的无论是福是祸，都能事先测中。

就像藏钩和射覆游戏，都瞒不了我。

这类故事汇编成《亿中》卷。

子贡
给鲁定公和邾隐公算命

大家都知道，孔子有一位学生叫子贡，此人极具头脑，善于雄辩，办事能力强，而且经商有道，《史记》中把他排在了春秋战国富豪排行榜的第二位。他之所以能取得这么大的成就，跟他强大的洞察能力密不可分。

那一年，邾（zhū）国国君邾隐公到鲁国访问，鲁定公为他举办了隆重的欢迎仪式。声名在外的子贡也被邀请参加盛典。仪式开始了，只见邾隐公手中高举宝玉，头也扬得很高，傲慢地把宝玉交给鲁定公。而鲁定公则低垂着头，双眼呆滞，无精打采。

大家看到两位君王的神态都很惊讶。这时子贡说："他们俩都活不长啦！"

大家都被子贡这句突如其来的话吓了一跳，不敢接茬。

可子贡毫不在乎，继续说道："礼仪是这世上最重要的东西，言行举止、朝祀丧戎都要讲究礼仪规范。一个人如果不讲礼仪，便会影响自身的命运；一国之君不讲礼仪，则会影响国家的前途和命运。今天两位君主的表现，都非常糟糕。"

按说两人都是一国之君，应该平等相待才对。可仪式上，邾隐公给人以高高在上之感，这不是明显在欺负鲁定公吗？骄横跋扈迟早会付出代价的。两年后，鲁国攻入邾国，邾隐公被迫割地求和。七年后，邾隐公成了俘虏。

再看鲁定公，一副卑躬屈膝的样子，哪有半点君主风采？他也不是不想维护鲁国的尊严，但身体太差，实在支持不住。几个月后，鲁定公果真死了。

编著者点评

由此可见，子贡无论是观察能力，还是推理能力，都是非常强的，这是他的优点。但子贡的缺点也很明显，那就是说话太快，嘴上没有把门的，很容易招惹是非。

因此在子贡的预言被印证后，孔子反而很担心地说："子贡不过一知半解就开始指点其他人，这次他幸运地说中了，以后恐怕更爱对其他人指指点点了。"其实孔子是想告诉子贡学会闭嘴，看破别说破，看穿别说穿，这才是聪明人应有的表现。

范蠡
有智预测长子,无力救活次子

春秋时的范蠡，被奉为中国商人的始祖。他曾辅佐越王勾践打败吴国，随后功成身退，到山东经商，很快便富甲一方。但他的三个儿子却没有遗传到他的精明与能干，特别是老二，以武勇著称。有一次，他在楚国跟别人斗殴时，竟失手把人给杀死了，于是被关进了楚国的死牢里。

范蠡跟自己最小的儿子说："爹打算拿出一些黄金去救你二哥的命，这事情我打算交给你去办。"小儿子乖巧地答应了。

可大儿子知道这件事情后，跑去跟他爹理论说："我作为家中的长子，现在二弟有难，您宁愿派三弟去，也不让我这个哥哥去，这不明摆着让我这个当哥的难堪吗？"

大儿子越想越难受，觉得父亲认为自己没用，难过得不想活了。母亲一看这样不行啊，别老二还没怎么样，老大先出事了，于是找范蠡哭诉，让范蠡答应老大的请求。

你去把你二哥赎回来。

娘，我还是你的亲儿子吗？

范蠡无奈，只得答应了老大的请求，不过却再三叮嘱他说："你到了楚国后，记得只要把黄金和信件都交给我的好朋友庄生就可以了，其他事情一概不要管。你要是插手了，你弟弟就回不来了。"

大儿子到了楚国，按照范蠡的吩咐，把黄金和信件都送到了庄生那里。

庄生看过信，知道了范蠡大儿子的来意，于是对他说："你赶紧回国去吧，千万不要在楚国逗留，就算你弟弟出来了，也不要问他是怎么出来的。"

大儿子一听这话，心里犯起了嘀咕：自己是来救弟弟的，弟弟的人还没见到，怎么可能就这么回去？但他毕竟还要靠庄生救自己的弟弟，只能嘴上答应着，但却私自在楚国住了下来。

庄生为了避免夜长梦多，第二天就进宫见了楚王，对楚王说："大王啊，我最近夜观天象，发现有颗灾星正在靠近楚国。要赶走灾星，唯一的办法就是行善积德，大赦天下。大王您需要尽快拿主意啊！"

大王，最近应该开牢放犯人。

庄生是楚王非常宠信的大臣，楚王一向对他言听计从。听庄生这么说，楚王当即下令，封了所有钱库，准备大赦天下。

大赦天下为什么要封钱库呢？道理其实很简单：假如今天抢完钱，明天就大赦天下，那岂不是既有了钱，还不用承担任何法律责任吗？

钱库怎么都封了？

所以楚国人都知道，钱库一封，离天下大赦就不远了。因此留大儿子住下的那家人，立即就把这个消息告诉了他。

大儿子一听高兴坏了，没想到二弟运气这么好，大赦天下这种难得一遇的好事情都能被他赶上。但随即他又心疼起钱来——早知道会大赦天下，就不用给庄生钱了。

老大越想越心疼，于是，就厚着脸皮来到庄生家。

庄生看大儿子来了，惊讶地问道："你没回国吗？"大儿子罗嗦了一番，特意提到弟弟即将被大赦，他先来代兄弟俩辞行。庄生明白了他的意思，就让他自己进屋把黄金拿走。大儿子于是把送给庄生的黄金取了回来。

庄生也是个有脾气的人，心里想："我收了你爹金子，是表示愿意替你爹办事。办完事，这些金子自会如数奉还的。你这孩子太不懂事了，帮这样的人办事真是我的耻辱啊。"

第二天天还没亮，庄生又进了宫，对楚王说道："大王大赦天下，是为了积福德赶走灾星。但现在外面流言纷纷，说范蠡家的二公子犯下杀人死罪，有人收买了大王身边的人，撺掇您大赦天下，好救出范家二公子。所以您不是为了楚国百姓积福，是专门为了放范家二公子才大赦天下的。"

楚王听完庄生的话后很生气，立刻下令把范蠡的二公子杀了。

等大儿子去监狱接二弟时，只接到了弟弟的尸体。他只好带着尸体回乡，母亲和邻居都十分伤心。

范蠡眼中带泪说："我早就知道他一定会害死他的弟弟。他不是不爱弟弟，只是他是和我一起苦过来的，心疼钱。但老三生下来就过着富贵日子，不心疼钱。我派老三去，就是因为他舍得花钱，可老大坚持要去，最后害死了老二，这是天意啊！"

怪我选错了人啊！

范雎
预判了魏冉的预判

春秋时期，魏国宰相魏齐听信谗言，给外交风云人物范雎安上了个通敌叛国的罪名，还几乎把他整成残废。一个叫郑安平的人救了范雎，带着他隐居起来。

几年后，秦国外交官王稽来到魏国，郑安平把范雎推荐给了王稽，说："范雎是有大才能的人，只可惜魏国人有眼不识泰山，把范雎整得很惨。先生如能重用范雎，必能帮助秦国一统天下。"王稽刚开始还半信半疑，但跟范雎彻夜长谈一番后，他对范雎心悦诚服，决定带他去秦国。

就这样，范雎在王稽的掩护下，偷偷离开了魏国，成功到达秦国边境。不巧的是，这个时候有一队人马浩浩荡荡地朝他们走了过来，来的不是别人，正是秦国的相国——魏冉。魏冉这个人本事不小，只可惜心胸不大，总担心其他能人抢了自己饭碗，所以非常讨厌其他国家的知识分子到秦国来。

范雎得知来的是魏冉的车队后，心想："魏冉专横霸道，又嫉贤妒能，我还是躲在车里比较好。"于是范雎立即藏了起来。不一会儿，魏冉的车队跟王稽碰上了，两人寒暄了几句，魏冉便问王稽："函谷关东面的那些国家，最近没什么动静吧？"王稽回答说："还是老样子。"

魏冉又问："你没从魏国带点特产回来？""什么特产？"王稽一时没明白过来。魏冉说："人啊！都说魏国读书人多，你没带几个回来？"王稽小心翼翼地答道："这个真没带。"

魏冉这才说道："没带最好，都说百无一用是书生，那些读书人实在没什么用处，只会来给咱们大秦国添乱。"王稽附和道："魏相说得对。"

可是魏冉还是不放心，盯着王稽的马车看了半天，没发觉什么异样后，才走开了。

看见魏冉走远，王稽这才松了口气。范雎从车里钻出来说："我还得躲一阵。"

王稽不解地问他："魏相都走远了，你还担心什么呢？"

范雎说："魏冉是个人精，刚才没有搜车，一会儿肯定还会杀个回马枪。我不能坐在车里了，你给我换一套士兵的衣服，我跟着车走就行。"

不一会儿，魏冉果然派来了骑兵，把王稽的马车里里外外都搜查了一遍，没找到人后，这才转身离去。

范雎的这番应对让王稽佩服不已。后来，王稽不遗余力地向秦王推荐范雎。

范雎在秦国当了相国后，制定了"远交近攻"的战略，为秦国一统天下奠定了坚实的基础。"远交近攻"后来被用于指待人处世的一种高明手段。据说，范雎当了相国后，逼死了魏齐，报答了王稽和郑安平的大恩，凡是给过他一顿饭吃的小恩小惠他必然报答，而瞪过他一眼的小怨小仇他也必定报复。后人把他的做法总结为成语"一饭之德""睚眦必报"。

荀息
假途灭虢

春秋时期，许多小国相继被大国吞并。晋国是个大国，它的南面有两个小国——虞国和虢国，晋国做梦都想把它们据为己有。

这一天，晋献公找来军事顾问荀息，问："我想发兵攻打虢国，你看行吗？"

荀息想了想说："不行，这两个国家是签订过盟约的。打虢国，虞国会出兵；打虞国，虢国就会出兵。晋国虽然比它们都强，但如果是一打二，也没有必胜的把握。"

晋献公对这个回答非常不满意，说："难道就没有办法对付这两个弹丸大的国家了吗？"

荀息说："出兵不行，但可以试试别的办法。"他想了想又说："我们可以送给虞国一些美玉和宝马，让虞国借路给我们的军队通过，这样虞国就不会出兵帮助虢国了。"

晋献公有点不放心："虞国的军事顾问宫之奇很贤能，他一定会劝阻虞公的。"

荀息胸有成竹地说道："宫之奇性格柔弱，他劝不动虞公的。虞公这个人见利忘义，才智不足，不会想到自己以后会挨打的事。"

晋献公见荀息这么笃定，于是让他带上宝马和美玉，前去向虞国借道。果然，虞公一手捧着美玉，一手摸着宝马，很高兴地同意了荀息的请求。

虞公，这借路的事嘛，您看……

路嘛，越走越结实，你随意。

这时候，宫之奇劝阻道："大王，不行呀！俗话说唇亡齿寒。如果没了嘴唇，牙齿就会挨冻。虢国和我们的关系，就是嘴唇和牙齿的关系，没有虢国，我们的国家也会完蛋啊。"

虞公哪里听得进去，他没好气地对宫之奇说："人家晋国送来这么多宝贝，咱们连条道也舍不得借给他们，这说得过去吗？再说，结交一个强国，总比结交弱国划算吧。这么简单的账，你一个军事顾问竟然算不明白，你还当什么军事顾问啊。"

宫之奇看劝阻无效，心灰意冷地辞了官，跑到别的国家生活去了。

同年冬天，晋国大军浩浩荡荡借道虞国。虞公见晋军如此强大，表示愿意助战。晋军爽快地答应了。

虞公假意表示愿意帮助虢国攻打犬戎，没想到虞军一进入虢国就调转矛头，和晋军里应外合，很快灭掉了虢国。

晋军班师回国时，还要途经虞国。荀息建议，不如顺便把虞国也灭掉吧。晋军得令后，很快就击溃了虞国的军队。于是虞公抱着美玉，牵着宝马，稀里糊涂地做了晋国的俘虏。

李泌
力保韩滉救大唐

韩滉是唐朝著名的画家,《五牛图》就是他的大作。同时,他还官拜宰相,是画家里面官做得最好的一位。当时的名相李泌对他也是十分认可。

在韩滉任地方官的时候,因为为人正直刚强,从不依附权贵,因此得罪了一些人。这些人为了报复他,便经常到皇帝跟前说他的坏话。

一次,因为韩滉在南京整修石头城,需要加固城池,又有一堆人给皇帝打小报告,说韩滉想自己当皇帝。

当时,由于京城失陷,有家不能回的唐德宗很自然地起了疑心病。他把当朝宰相李泌叫来,问李泌怎么看待这件事情。李泌说:"老韩这个人一向忠诚、节俭,做了近四十年的官,却一直住在老破小的房子里,吃穿用度都极为简朴。但是在工作方面,他一直兢兢业业,这难道不是对朝廷忠心的表现吗?就说他在江南这几年吧,连年丰收,就连强盗几乎都绝迹了,这难道不是他治理有方吗?这样的人想要造反,我是不相信的。"

皇帝问:"那修石头城的事,你怎么看?"李泌说:"老韩之所以要修建城池,据我分析,是因为他看到京城失陷,中原混乱,想着万一陛下打算去江南,他得提前做好准备罢了。这是他一片忠诚的表现,怎么是罪过呢?"

唐德宗指着一叠奏章说："你看看，现在流言满天飞。"李泌回答说："我自然是知道的。其实还有更过分的呢！听说他的儿子韩皋想要回南京老家看望父母，但因为流言蜚语的缘故，都不敢回去了。"

唐德宗不解地问李泌："既然连他的儿子都吓成这样了，你怎么还敢为他担保？"李泌很平静地答道："作为老朋友，我知道他的为人，所以才站出来为他担保。同时，也是为了让那些群唯恐天下不乱、乱嚼舌根的人闭嘴。如果让他们一直瞎说下去，恐怕会寒了老韩的心。"

回家后，李泌又认真写了一封奏章给皇上，奏章里表明可以用自己家一百多人的性命，担保韩滉绝对不会造反。

过了几天，皇帝召来李泌，指责道："你竟然还敢写这样的奏章？我给你扣下来了。我知道你俩有亲戚关系，可是你也不能连累全家人的性命吧。你的奏章要是拿到朝堂上被人议论，谁能救得了你？你这么保他，对自己有什么好处呢？"

李泌不禁激动起来，对唐德宗说道："对我个人没什么好处，但对国家有好处啊！陛下，您看看今年旱灾、蝗灾不断，很多地方的粮食绝收，仓库里的储备粮也快见底了，但是在老韩治理下的江南，粮食却迎来了丰收。我相信，只要陛下信任老韩，帮助老韩消除流言蜚语，他就能把江南的粮食运到缺粮的关中来，这不是为国家好吗？"

唐德宗听了也觉得有道理，于是下令召见韩滉的儿子韩皋。

唐德宗对韩皋说道："小韩，有关你父亲的流言蜚语，我已经知道是怎么回事了。回头转告你的父亲，我对他是百分之百的信任。"

韩皋见皇帝这么信任父亲，激动得话都说不出来了，只是一个劲地给皇帝叩头致谢。

唐德宗又说："现在关中灾荒严重，粮食尤为紧张，我命令你和你父亲一起，尽早把江南富余的粮食运到关中来。"韩皋立即答应了下来。

韩皋回到南京，告诉了父亲自己觐见皇帝的事情，韩滉感动得泪流满面，当天就安排运送粮食十万斛前往关中。他甚至只让儿子停留了五天，就打发儿子亲自押送粮食上路。

后来事情的发展正如李泌所料：在韩滉的带动下，江南各地的官员也都纷纷把粮运送到关中，国家因此很快渡过了粮食危机。

整治校门口的流动商贩

学校南门外的道路整改后，虽然路面变宽了，但流动商贩也越来越多了，不仅占道，还出售过期食品。

剖疑卷

明察秋毫，就能拨云见日

源自原著 卷七

讹口如波，俗肠如锢。

触目迷津，弥天毒雾。

不有明眼，孰为先路？

太阳当空，妖魑匿步。

集《剖疑》。

口中的谎言如波涛，一肚子的坏水像痼疾。

放眼看去却难寻方向，因为有漫天毒雾。

如没有明亮的眼睛，怎么知道何去何从？

就像太阳当空，妖魔自然躲藏。

这类故事汇编成《剖疑》卷。

寇准

调虎离山，暗查太子

北宋时期，宋太宗继位后，就把长子赵元佐当作皇位接班人来培养。赵廷美是宋太宗的弟弟，因为宋太宗的猜忌而死在外地。赵元佐曾经想为叔叔申辩，但是没有成功。之后赵元佐性情大变，由温厚变得残暴，手下人只要稍微犯一点小错，他不是用鞭子抽，就是用弓箭射，好多下人都被他折磨死了。宋太宗骂过他很多次都没效果。

这年重阳节，宋太宗把儿子们叫到皇宫里来吃团圆饭。赵元佐借口生病不去，半夜却突然发疯，竟然把服侍他的仆人全部关到一间房子里，连房带人一起烧了。宋太宗听闻火冒三丈，决心废除他的太子之位。

废太子是大事，总得有让人信服的理由。宋太宗想到了一个人——寇准。因为寇准不仅足智多谋，还有丰富的断案经验，这种事情由他来办最为合适。

　　寇准进宫后，宋太宗便对他说道："太子现在变得很残暴，动不动就杀人泄愤，已经不合适再做太子了，所以我想废除他的太子之位。可是太子也是有兵权的，如果处理不好，恐怕会引起动荡，你看看这件事怎么处理合适？"

　　寇准想了想说道："那咱们就调虎离山吧。我们在外地举办一场庆典，让太子去主持和筹办，这样我们就有机会进入太子府，搜查他残暴不仁的证据。一旦搜到那就简单了，派个人去宣诏就可以了。"

　　宋太宗觉得这是个好办法，于是按照寇准的计策，把太子和太子府的人都调出了东宫。寇准趁此机会派人进驻太子府，果然查出了不少刑具。当宋太宗把挖眼睛、挑脚筋、割舌头等刑具摆在赵元佐面前时，太子只得叩头服罪。

　　寇准之所以能帮宋太宗兵不血刃地废掉太子，是因为他做到了有理有据。这种做事的方法，是非常值得我们学习的。

王商
平定洪水淹长安的谣言

在西汉的汉成帝在位期间，有一年夏天，关中下起了大雨，一下就是四十多天，把地里的庄稼全都泡坏了，长安城里也是人心惶惶。

更要命的是，随着连日大雨，京城里流言四起——不知道是哪里来的消息，说关中要发大水，整个关内都会遭灾，现在洪水正奔流向京城，要不了多久京城就要被淹没了。这个消息一传十，十传百，没多久就成了整个京城皆知的消息，百姓们惊慌失措，到处找避难的场所，忙乱中发生了不少踩踏事件，老人小孩的号哭声不绝于耳。

这个消息甚至还传到了皇宫里，汉成帝也有些慌了，连忙召集大臣们商议对策。大将军王凤劝汉成帝，第一要及早给太后以及后宫众人准备船只，大水来时可上船避难；第二要通知百姓登上长安城墙躲避水灾。

大臣们纷纷附和王凤的意见，唯独左将军王商坚决反对。

陛下，这些是谣言。

王商反驳说："陛下，自古以来，即使是那些无道的国家，大水尚且不能淹没他们的城市，现在圣上英明，天下太平，怎么会有大水在一天之内突然暴涨的道理呢？这一定是那些唯恐天下不乱的人制造出来的谣言。您万不可下令百姓登上城墙，以免老百姓更加恐慌。"

汉成帝想了想，觉得王商说得非常在理，毕竟京城的确没有发过大洪水的记录，没有必要听风就是雨。因此他没有采纳王凤的建议，还要求大臣们一起辟谣。

过了两三天，京城附近丝毫没有洪水来袭的迹象，谣言不攻自破，城里的秩序也慢慢恢复了正常。

西门豹

除陋习,把巫婆投到河里

西门豹是战国时期魏国的一位官员,魏国国君很赏识他,派他去治理一个重要的战略要地——邺城。

当时邺城有一种陋习:官府和巫婆勾结,每年向老百姓征收额外的捐税,美其名曰"为河伯娶亲",实际却是把这些钱私下瓜分掉。更恶劣的是,每次"娶亲"都要把一个少女沉入河中,许多无辜的女孩子为此白白丢了性命。

西门豹下决心要彻底铲除这一陋习。这一年,又到了给河伯娶亲的日子,西门豹表现得非常重视,亲自前去参加这场"盛会"。大巫婆是一个傲慢的老太婆,她带着十个弟子前来主持仪式。西门豹决定先从她下手。

西门豹首先让大巫婆把准备献给河伯的女孩领给他看看。只见那女

孩满面愁容，西门豹便郑重其事地对大巫婆说："河伯是位尊神，他要娶的媳妇必须是绝色佳人。眼下这个女子其貌不扬，河伯恐怕不会满意。现在请大巫婆先去报告河伯，说本官再给他找一位漂亮的女子，改天献给他。"西门豹说完，立即命令卫士抓起大巫婆，不由分说地将她扔进河里，然后恭恭敬敬地站在河边，耐心等待。

过了一会儿，西门豹又说："大巫婆怎么还不回来？叫她的弟子去催催她！"于是把她的一个弟子也扔到了河中。又过了一会儿，西门豹说："这个弟子怎么也不回来？再派一个人去吧！"随即又扔了一个弟子下河。等扔了三个弟子后，西门豹说："看来这些女人无法把事情跟河伯说清楚，还是找个男人去吧！"说着就把一个官员扔进了河里。西门豹还想再扔，可那些官员和巫婆的弟子全都吓坏了，身子抖得跟筛糠似的，不停地叩头求饶，把头都磕破了。

西门豹这才挥了挥手说："大家都看到了，河伯娶亲就是骗人的把戏，以后谁还敢这样搞，我就把他全家都扔到水里去见河伯。"官员和老百姓都非常惊恐，从此再也不敢提为河伯娶亲的事了。

后来，西门豹又想办法治理了水患，引来河水灌溉农田，把邺城治理得井井有条。

林俊
烧"活佛"，破除寺庙谎言

话说明朝弘治年间，林俊被朝廷派到云南任职。刚刚上任，林俊就去了鹤庆府视察民情。

让林俊没想到的是，鹤庆人笃信佛教，这里的寺庙修得比府衙还漂亮，当地人不管生老病死还是衣食住行，都要跑到寺庙"请示"菩萨。所以鹤庆人的钱财，大多进了僧人的口袋。更可恶的是，玄化寺还声称庙里的佛像都是活佛，掌管着百姓福祸，唆使百姓往活佛脸上贴金。这种说法听得林俊一愣一愣的。

林俊宪决定亲自整饬一下当地的民风，于是带人来到了玄化寺，指

着一尊活佛，命令手下说："烧！"

当地民众吓坏了，连忙上来阻止说："大人啊，您惹怒了活佛，老天就要下冰雹砸毁庄稼，您让我们这些庄稼人怎么办啊？"

林俊说："大家放心好了，如果下冰雹，我就马上把火灭了，官府也会加倍赔偿你们的损失。我就不信，哪有只会降灾，不能降福的菩萨？"

林俊说完，指挥手下架起柴火开始烧起佛像，烧完一尊又一尊，直到把寺庙里的活佛全都烧没了，也没有出现什么天灾人祸。

林俊烧完活佛后，把从佛像上熔炼下来的黄金，拿来抵扣老百姓的税款，减轻了当地人的负担，让老百姓得到实实在在的好处。

在发现烧完活佛，所谓的灾害并没有降临后，老百姓才逐渐明白过来是怎么回事。从此以后，云南盲目崇拜神佛的风气好了很多。

真佛不在庙里。

戚贤

亲求雨，严惩作妖道士

明朝时候，有一个叫戚贤的年轻人，考中进士后，就被朝廷安排到归安县当县令。

当时，归安县有个萧总管庙，当地人非常崇拜这个叫"萧总管"的神。相传这个神跟别的神不同，是个无所不能的神，求官、求财、求婚、求子，都非常灵验。因此在这个神庙里，每天都会举行各种各样的祭神活动。

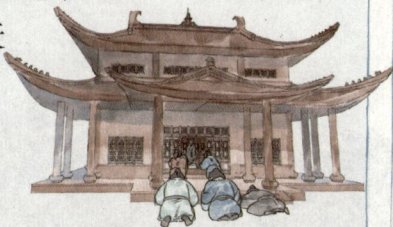

求神拜佛这种事，戚贤本来也不在意，可这萧总管庙却越来越过分，只要看哪个官员不顺眼，就通过萧总管庙诅咒一番。如果任其发展下去，恐怕会成为对抗官府的组织。

那一年，归安县大旱，可萧总管庙仍然通过祭神活动来搜刮民脂民膏。这下戚贤再也忍不住了，于是在萧总管庙又一次举行祭祀活动的时候，走进了庙里。

戚贤几步走到台子上对大家说道："乡亲们，听说这个神庙很灵验，求什么有什么，所以我今天特意来向萧总管求点雨。如果雨下下来了，我就跟大家一起拜这位萧总管；如果雨下不下来，我也不会跟萧总管客气，我会把他沉到水里去。相信他喝饱了水，就能显灵了。"

众人一听都傻了，不过在他们看来，萧总管是无所不能的，所以既担心县令将萧总管沉到水里，又相信萧总管能够显灵，因此都在非常纠结地等待着。

可众人等了半天，一滴雨都没有等来，戚贤勃然大怒，抬起腿一脚踢向了萧总管的神像，惹得众人一阵惊呼。戚贤觉得还不解恨，又让侍卫放倒神像，捆上石头，扔到河里去了。

戚贤的举动彻底惹怒了庙里的道士，他们指着戚贤说："你这个狗官，竟敢将萧总管沉水，你一定会遭报应的。"

戚贤连神像都敢踢，哪会对无良道士客气，转身对侍卫说道："去把这臭道士捆了，给我狠狠地揍。"

老百姓们看到这场面，一个个生怕萧总管把灾难降临到他们身上，立刻一哄而散了。

神佛没张嘴，全靠你造谣。

又过了几天，戚贤坐船经过萧总管神像沉水的地方，意想不到的事情发生了：萧总管的神像突然从水里飞出来，落到了戚贤的面前。船上其他人都吓坏了，以为是萧总管报仇来了，可戚贤却哈哈大笑说："大家不要害怕，一会儿就知道是怎么回事了。"

戚贤让船靠了岸，安排侍卫下水抓"神"。不一会儿，两名侍卫就从水里找到了两个从水下抛起萧总管神像的人。一审问，果然是庙里的道士请来捣乱的。后来，戚贤抓捕了道士，终于平息了事件。

经务卷

发挥才智，为百姓做好事

源自原著 卷八

中流一壶，千金争挈。

宁为铅刀，毋为楮叶。

错节盘根，利器斯别。

识时务者，呼为俊杰。

集《经务》。

船行河中如遇翻船，渡水葫芦出价千金也难购到。

宁可做拙钝的铅刀，也不要做象牙雕成的楮叶。

碰到盘根错节之事，才能分辨出工具的价值。

认清时代潮流形势，才能成为出色的人物。

这类故事汇编成《经务》卷。

大手笔妥善安置灾民

在山东青州，有"一拜寿，二拜佛，三拜清官"的说法。富弼就是一位有名的清官，他曾任青州知州，后来官至大宋宰相。

"庆历新政"失败后，富弼被贬到青州。可他的运气不怎么好，上任不久便赶上黄河发大水，大量灾民涌入青州，总数高达六七十万人。

面对这样的状况，如果还像以前一样开仓放粮，那粮食很快就会被吃光；如果还像以前一样集中安置灾民，那瘟疫也很快就会爆发了。所以当时富弼所面临的问题，是饮食、医药、住宿、心理健康、疫情防控、死者安葬等全方位的问题。

不过，聪明的富弼在很短的时间内，就制定出了一套既简便易行又周全妥当的救灾方案。

疫情管控

采摘充饥

接收捐粮

为了预防传染病蔓延，富弼临时征用了十几万间空置的公房和民房，让灾民分散居住。对于死去的灾民，全部集中安葬，而且安葬地点要远离居住区，这样可以有效切断疫病的传染链条。

为了保障灾民生活，富弼号召全民共同救灾。一是把官仓里的存粮全部拿出来，同时动员百姓、富商、地主把家里的余粮也捐献出来；二是激励在职官员全力救灾，发动候补官员参与辅助救灾工作。

为了鼓励灾民自救，富弼下令，允许灾民就近在山林湖泊中采伐和捕捞，解决衣食之需，渡过难关。

第二年，青州的粮食收成很不错，富弼按灾民家乡的远近，给每个灾民发放了足够他们回家的口粮，使他们能安心回家。同时他还动员身强力壮的灾民参军，这样既补充了国家兵力，也最大限度地避免了动乱。

智谋故事后记

富弼赈灾的方法，一共救活了五十多万人，这在古代几乎是不可想象的。就连宋仁宗听到消息后都很感动，打算给富弼官升一级，但他却拒绝了。因为在富弼看来，这就是他的职责所在。

灾民安置

捕鱼充饥

刘涣

震后买牛，帮助灾民

刘涣是北宋时期的官员，曾在很多地方都当过官。因为他严格遵守律法，关心民生，所以在百姓中享有很高的威望。不过，刘涣也曾经做过"不法之徒"，具体是怎么回事呢？

有一年，黄河以北地区发生了百年不遇的大灾荒。有一种理论，叫"久旱必大震"，果不其然，在大旱灾过后，又发生了大地震，难以维持生计的老百姓，只好卖掉了他们的命根子——耕牛，用卖牛的钱换些食物填饱肚子，度过饥荒。

但卖牛的人一多，牛就不值钱了。看着牛价一天天下跌，作为父母官的刘涣心急如焚，于是把心一横，掏出了全部公款，用来买灾民的耕牛，帮助他们度过灾荒。

第二年春天很快就到了，老百姓又开始大量买耕牛，耕牛价格暴涨。这时，不少人都劝他可以借此发一笔横财，但是刘涣却完全没有理会，还是以原价把耕牛卖给老百姓，不仅分文没赚，还赔了不少草料钱。

无论在哪个年代，刘涣的做法看起来都是不合法的。可虽然不合法，但是却合情、合理，尽了一个官员的职责，因此，后世对他的做法评价都很高。有人评论他说：刘涣有才干谋略，不喜欢被束缚，遇上事情不回避不推却，进取心强。

还有人称赞刘涣"刚果无顾避"，即刚强、果断，没有顾虑。确实，当时的刘涣显然是一心一意志在救民，至于自己的仕途得失，是不是会受到惩罚等等，哪里还顾得上计较和考虑呢！

想低价买高价卖，我有办法治你！

张肖甫
让造反兵抓闹事民，绝

明朝前期，杭州地区有幕府亲兵四千五百人，因为士兵需要参与沿海防汛工作，所以待遇特别优厚。但到了明代万历年间，朝廷觉得士兵工资太高，下令减薪。

降工资就是要我们命！

浙江巡抚吴善言根据朝廷要求，将士兵们的工资一下减少了三分之一，这让士兵们怒不可遏，扬言要找吴善言讨要说法。可吴善言认为这是朝廷的政策，根本懒得搭理这些大头兵。

群情激愤的士兵在马文英和杨文用的煽动下，把吴善言抓了起来，强迫他写下盘剥士兵的供状，又让他从金库取出两千两银子，用来给士兵做伙食费。吴善言被逼同意后，造反的士兵才把他放了。

马文英和杨文用知道官府不会善罢甘休，于是让其他士兵把自己绑了，在他们的簇拥下去见巡抚、御史等官员，对他们说："都是我们二人的过错，请依法制裁我们，不要殃及旁人。"

那些官员看出这两人来请罪仅仅是表象而已，其他士兵个个都暗藏凶器，只要一言不合，他们就会跳出来造反。这种情况下，官府哪敢治他们的罪，只得好言相劝，又把二人放了，暂时把事情压了下来。等这些士兵走后连忙上报朝廷，请朝廷来处理此事。

朝廷接到了浙江官员的报告后，派出兵部二把手张肖甫取代吴善言，负责浙江的军政事务。

可张肖甫还没到浙江呢，浙江的老百姓又造反了。至于原因嘛，跟杭州的治安改革有关。原来的杭州城，是由官府招募那些没工作的社会闲散人员，组成治安队负责城里的治安巡逻工作。可改革后，官府就不再招募和管理治安队了，而是要求每家每户都要抽调人员，组成治安联防队，负责杭州城的治安巡逻工作。

这样的改革，一方面加重了老百姓的负担，另一方面断绝了那些无业游民的收入，搞得大家都不高兴。一个叫丁仕卿的文人很喜欢出风头，他借这个机会跳出来，勾结了一些地痞流氓，要求官府恢复原来招募治安队员的做法。

让下岗就是要我们命！

官府拒绝了丁仕卿他们的要求，又因为发现丁仕卿有其他违法的地方，于是把他抓了起来。那些地痞流氓趁机鼓动不明真相的老百姓劫狱，一时间诓骗了上千人，引发了暴动。暴民为了泄愤，打劫放火、冲击官府衙门，吓得官员们纷纷躲藏起来。

张肖甫听说此事后，意识到问题相当严重：杭州的治安系统和军队系统全都出现了造反派！

张肖甫立即与这些暴民展开谈判，对他们说："你们不要作乱。如果你们作乱，朝廷就会派兵来剿灭你们，到时候你们就会有灭族的灾祸。你们有什么事情不满意，可以和我商量着来。"

于是大家都说现在的治安巡逻政策不公平。

张肖甫说："为这点小事就造反，何必呢？我现在宣布，这个制度马上废除。"

许多被鼓动的百姓都散去了，可带头的地痞流氓不肯就此罢休，等到晚上的时候，又去抢劫大户并放火烧屋，杭州城内多个地方都燃起了大火。

这可把张肖甫气坏了，连夜贴出告示：昨天放火烧城的人，一个都跑不了！主动认罪的坦白从宽，一意孤行的严惩不贷。可告示刚贴出去，就被人撕得一张不剩。

张肖甫彻底被激怒了，于是决定先安抚造反的士兵，让他们戴罪立功，去抓捕那些闹事的流氓。

你们想将功补过吗？

张肖甫说："现在地痞流氓在城中闹事。他们和你们不一样，你们保卫国家，他们搞乱国家。我希望你们能为国家出力，抓捕那些头目，我给你们记功。"随即赦免了马文英、杨文用二人的罪行，让他们带领士兵前去抓捕暴民。

在士兵们的努力下，地痞流氓被抓了个七七八八，普通百姓全部散去了。

为安抚士兵，张肖甫大张旗鼓地表彰了他们，并恢复了他们原来的待遇。

可这仅仅是张肖甫的缓兵之计，等事情彻底平息后，张肖甫就鼓动士兵们找马文英和杨文用二人讨要在兵变发生时索取的钱财。

士兵对马文英和杨文用说："既然大家都安全了，我们以前给你们凑的棺材费和安置费，是不是该退还给我们？"

可他俩哪里肯退，对士兵们说道："如果不是我们，你们能有今天的待遇？钱是不可能退的，你们就不要闹了，闹大了对大家都不好。"于是大家不欢而散。

张肖甫趁机把马、杨二人和其他七个兵变头目全都抓了，对他们说道："你们不但煽动兵变，还骗大家的钱，就算我想赦免你们，你们又如何面对大家的愤怒呢？"说完便把这九个人枭首示众，然后派人去对其他士兵说道："皇上不忍心将你们全部处死，只处死了煽动你们人，希望你们好自为之，好好为国家效力。"

士兵们都吓得不敢吱声了。一场兵变就此平息。

委蛇 卷

以退为进，自己笑到最后

源自原著 卷十三

○ 卷首语原文

道固委蛇，大成若缺。

如莲在泥，入垢出洁。

先号后笑，吉生凶灭。

集《委蛇》。

○ 卷首语译文

道路不会顺直必然有曲折，智者不会完满总会有缺陷。

正同生长在污泥中的莲蓬，经过洗涤才显出本来面目。

经历痛哭，最后才能微笑。运用得法，就能趋吉避凶。

这类故事汇编成《委蛇》卷。

孔融
不要暴露朝廷的无能

东汉末年，荆州的最高长官刘表多次不向朝廷进贡，不履行地方官职责，做出了很多超出礼法的不轨之事。这一年，刘表竟然率领自己的部下，模仿皇帝在郊外祭祀天地。

老天爷，我替皇帝告诉你……

要知道，祭祀天地是只有皇帝才能做的事情。这在古代是毫无争议的僭越大罪，按律法是要杀头的。汉献帝听说这件事情后非常生气，打算颁布诏书昭告天下，严厉地责备刘表。

> 刘表这个不懂礼数的家伙！

这时候大臣孔融站了出来，他上疏对汉献帝说："当年齐国的齐桓公，只是用了一个楚国不向周天子上供茅草的罪名，就派兵攻打楚国，以显示自己的强大。现如今刘表犯了祭祀天地的僭越大罪，一旦昭告天下，朝廷就应该让他伏法。可如果朝廷没能力派兵拿下他，那仅仅发布诏书就起不到震慑天下的作用，反而助长了他人的威风。天下人也会觉得朝廷软弱可欺，反而有损朝廷的威严。"汉献帝想了想只好作罢。

> 忍

冯梦龙点评

孔融的这番话表明了一个道理：人在没有能力处理某件事的时候，最好还是不要太张扬，先忍一忍比较好。在形势所迫下，得学会变通。不过，即便是有能力的时候也不要把事情做得太过头，要给别人留点空间。但冯梦龙认为孔融的这套做法其实就是儒家虽败犹荣的论调，害人不浅。对此你怎么看呢？

主人公小档案

孔融是圣人孔子的后代，东汉末年文学家，建安七子之一，儒家文化的推崇者。小孔融四岁时让梨的故事，千百年来广为流传，它教育人们要学会谦让，尊老爱幼，崇尚礼仪道德。成年后的孔融在朝为官，喜欢议论时政，而且大多言辞激烈，终因触怒曹操而被杀。

魏勃
扫大门吸引丞相注意

西汉建立初期，为了稳固汉朝的江山，刘邦封自己的儿子为各地的诸侯王。其中，刘肥被封为齐王，开国功臣曹参为齐国的相国。

齐国有个人叫魏勃，年轻有才，他特别想求见曹参，来一场"毛遂自荐"，谋个一官半职。但是苦于没有门路，他一直无法见到曹参。

曹参手下有个秘书住在相府附近。魏勃知道秘书是相国手下的属官，能够见到曹参，所以他决定先从秘书这边入手。魏勃脑子灵活，很快就想到一个好办法。

第二天一大早，魏勃就拿着一把扫帚，去秘书家大门口扫地，天黑以后，等秘书家关门睡觉了，他再去打扫一次。就这样，每天两次，把人家门口打扫得干干净净。

秘书发现家门口这几天格外干净，不由得感到奇怪，而家人都说并没打扫过，秘书于是决定让仆人查个清楚。等到晚上关门后，仆人偷偷躲在门后，从门缝中观察外面的动静。不一会儿，只见一个人拿着一把扫帚在门前扫起地来，仆人连忙冲出去，把那个人逮个正着。

请您带我去见曹相国。

仆人把扫地的人带到秘书面前，秘书问来人为什么要在自家门前扫地。扫地的人恭恭敬敬地告诉秘书说："我叫魏勃，想求见曹相国，但没有机会。我天天在您家门前打扫，就是想请您为我引见，让我能见相国一面。"秘书一听是这么回事，便同意了他的请求。

几天后，秘书带着魏勃去了相府，魏勃终于见到了曹参。后来，魏勃得到了曹参的重用。

智谋故事后记

魏勃跟随在曹参身边，经常能提出一些有益的建议，曹参觉得此人有点能耐，便引荐给了齐王刘肥。刘肥死后，其子刘襄继任为齐王，重用魏勃，给了他很大的参政权力。魏勃凭借自己的聪明才智，在后来平定诸吕之乱时发挥了重要作用。

许武
让财容易让名难

东汉初年，阳羡县有一户姓许的人家，因为父母早逝，未成年的三兄弟相依为命，才十五岁的大哥许武，就担负起了家庭的重担。大哥不但勤奋养家，还坚持让两个弟弟读书求学。

子曰……

又被罚跪啦？

我跟你二弟玩一会儿都不让吗？

就这样过了几年，有人劝许武娶亲，许武却说："如果我娶了妻就要与兄弟们分居，他们还小，我怎么忍心呢？"于是，他依然和两个弟弟过着同耕同读，同食同宿的生活，久而久之，许武的"孝悌"之名在乡里无人不知。

当地官员听说了这件事，就把许武举荐给朝廷。当时的朝廷，选拔人才还是以推举孝廉入仕为主，所谓"孝廉"，即孝敬、廉洁之意，具有这两种品格的人才能入朝为官。许武友爱兄弟，品格高尚，符合举荐的要求。

就这样，许武入朝为官，之后平步青云，但他的两个弟弟仍然过着普通人的生活。于是，许武就开始想办法，想让两个弟弟也显达起来。

大哥应该
多拿点！

一天，许武对两个弟弟说："你们现在都长大了，也是分家的时候了。"两个弟弟向来听大哥的话，所以并没有异议。于是许武将家里的财产一分为三，不过却将肥沃的土地、宽大的宅子和强壮的仆人都划到自己名下，剩下那些差的才划给了弟弟们。

这顶帽子
很沉啊！

许武的做法出乎了所有乡亲们的意料，他们觉得以前真是看走了眼。两个弟弟倒觉得没什么，还说这是大哥应得的。分家的事情过后，乡亲们都称赞两个弟弟克制谦让，暗骂许武贪心，两个弟弟也因此贤名远播，不久都被推举为孝廉。

过了段时间，许武召集宗族亲人，当众说："我当时侥幸被举荐为孝廉，但两个弟弟却没有享到我的福。我为了弟弟们也能被推举为孝廉，就要求多分家产，这样才能成就他们的好名声。现在我的目的已经达到了，可以重新分配家产了。"于是，许武将自己多取的财产都还给了两个弟弟。

乡亲们这才明白了许武的良苦用心。

王翦
主动求赏避猜忌

战国末年，秦王嬴政召开会议商讨灭楚计划。在先后吞并了韩国、赵国和魏国后，此时的秦王信心满满，野心勃勃，于是迫不及待地剑指下一个目标——楚国。

长江后浪推前浪啊！

六十万 二十万

老将王翦（翦音 jiǎn，战国四大名将之一）认为楚国并不好打，想要灭楚得调动六十万大军。秦王一听，觉得这也太多了。

此时大将李信主动站出来，说只要二十万大军即可。

秦王心想，王翦大概是老了，还是年轻人更能干。于是答应调军二十万，由李信率领攻楚。

正如王翦所说，楚国的确不好惹。随着楚军大破秦军，李信铩羽而归，秦王这才明白"姜还是老的辣"，只好亲自去请王翦出马。

王翦先是推脱说自己年迈体弱，后来见实在推辞不了，只好答应了下来，但还是咬定要六十万大军才肯出征。秦王咬咬牙凑了六十万秦兵供王翦调配，并亲自到灞上为他壮行。

虎符有时比强敌还吓人呢！

王翦临行前，向秦王请求赏赐许多良田豪宅。秦王说："将军即将率大军出征，还怕我会亏待你吗？"王翦回答道："臣身为大王的将军，却始终没能封侯。现在趁着我在大王这里还有点用处，还是请大王多多赏赐良田豪宅，也算是为子孙后代做打算。"秦王听罢哈哈大笑。

王翦率军抵达关隘后，又五次派遣使者去向秦王讨要封赏。这时候有人劝王翦："王将军，你这样屡次要求封赏的举动，似乎有点过分了。"王翦说："你不懂。我们的秦王向来多疑，现在将秦国大部分兵力都交给了我，如果我不多次借口为子孙后代谋求赏赐，难道还等着他来怀疑我拥兵自立吗？"

不就是要奖金嘛，这都不叫事！

萧何

自毁名节，保全自己

秦朝灭亡后，西楚霸王项羽和汉王刘邦为争夺帝位，进行了数年的"楚汉之争"。期间，刘邦亲率大军在前线与项羽激烈交战，同时安排"后勤部长"萧何留守关中大本营，稳固后方。

在此期间，刘邦多次派人慰劳萧何，谋士鲍生对萧何说："你看汉王在前线如此苦战，还专门抽出时间慰劳后方，这是对你有所猜疑呀！你最好还是派遣你家族里最善战的子弟去前线帮助汉王，打消汉王对你的不信任。"萧何听从了他的建议，刘邦对萧何的做法也非常满意。

你上前线帮助大王，要奋勇杀敌！

刘邦称帝后，封萧何为丞相。过了几年，淮阴侯韩信谋反。当时刘邦领兵在外，皇后吕雉采用萧何的计谋，设计诛杀了韩信。功高震主的韩信被杀，也算了却了刘邦的一块心病，为此刘邦不但加封了萧何，还给他指派了数百名护卫。

群臣都向萧何道贺，唯独有个叫陈平的却看出了危机。他对萧何说："皇帝赐你封地和护卫兵，这并不是对你的恩宠，而是借这次平定韩信谋反来观察你的反应。我建议相国不要接受这些赏赐，并且拿出家财充作军费。"萧何按陈平的建议做了，皇帝果然很高兴。

这年秋天，淮南王英布也起兵谋反，刘邦御驾亲征。出征期间，刘邦多次派使者回长安打探萧何的动向。萧何身边的人建议："你现在贵为丞相，又深得关中百姓爱戴。皇帝多次试探你，就是害怕你怀有二心。你何不压价买入百姓的田地，尽量降低自己的声望呢？"萧何又采纳了这个建议。

刘邦平定英布归来时，百姓都沿途拦驾告御状，控告萧何的种种罪行，皇帝心中窃喜。

阮籍
大醉避难

魏晋之时，恰逢乱世，天下危机四伏，很多名士都丢了性命。作为魏晋名士的代表，阮（ruǎn）籍有着自己的处世哲学。他常常把自己灌醉，并不想管朝堂上的事情。

曹魏权臣司马昭曾经想为儿子司马炎求婚，与阮籍结为儿女亲家。但阮籍却连着大醉了六十天，搞得司马昭都没有机会提出要求。司马昭的心腹钟会也曾多次拜访阮籍咨询时事，想要从阮籍的回答中找出一些可以给他定罪的只言片语，但每次阮籍都因为喝得醉醺醺的而不能回答，因此逃过一劫。

阮籍不拘礼法，清静无为，常和好朋友在竹林间喝酒纵歌，活得肆意酣畅。后来，这几位志同道合的朋友们共同成就了"竹林七贤"的美名。

先生，我这儿有醒酒汤，陪我聊会呗！

一场因为评选的吵闹

春宝和班委在一起评选优秀中秋手抄报，选中的手抄报将会被送到学校报栏张贴展示。

谬数卷

隐而不显，别人琢磨不透

源自原著 卷十四

似石而玉，以镎为刃。

去其昭昭，用其冥冥。

仲父有言，事可以隐。

集《谬数》。

○ 卷首语译文

珍贵的玉石其实很像石头，戈戟的柄套也能成为兵刃。

舍弃其明显可见的用途，运用其幽微隐密的妙处。

管仲曾说过，要想号令天下，可以把治军隐藏在治国名下。

这类故事汇编成《谬数》卷。

果然是富家子弟啊，
我不如也！

管仲
罢免权贵，巧救饥民

　　有一年，齐国正逢灾荒年。齐桓公看到城中缺粮的景象，很是苦恼。他对国相管仲说："这些大夫们一心想着聚敛钱财，他们囤积的粮食都已经腐烂了也不愿开仓放粮给老百姓。"管仲想了想，给齐桓公出了个主意："请您下令召唤城阳大夫进宫，然后罢免他。"

齐桓公听得一头雾水。管仲解释说："城阳大夫的宠妾都穿着葛布做成的衣服，家里养的家禽吃的都是上好的谷子，每天还在家笙歌燕舞。但是他的族人却吃不饱穿不暖，他对自己的族人尚且如此，怎么能对大王您尽忠呢？"

时代先锋，给你官位！

齐桓公听了觉得有道理，于是按照管仲的建议，召见了城阳大夫，罢免了他的官职，不准许他出门。

城阳大夫被罢黜的事情很快传遍了全城。其他高官听说此事后，吓得赶紧纷纷拿出财物，救济自己的同族兄弟。不仅如此，他们还自愿救助那些没有能力自食其力的贫病孤苦的百姓，这样一来国家就没有饥民了。

后来，年景好了，粮食丰收，米价下跌。齐桓公不希望大夫们借机屯粮，想要让百姓们多存些粮食，于是向管仲讨教。

管仲说："今天我路过市集，看到两座新建的粮仓完工，请大王用玉璧聘用粮仓主人当官，这样问题就能得到解决。"

齐桓公采纳了管仲的建议，于是百姓争相自建粮仓用来储存粮食。

范仲淹
鼓励花钱，维护发展

北宋年间，吴中一带闹大饥荒，形势不容乐观。父母官范仲淹一面上报朝廷求援，一面下令发放米粮赈灾，并鼓励百姓适度储备粮食。

要说这吴中人有两大爱好，赛龙舟和建佛寺。范仲淹心想，何不就在这两项风俗上做做文章。

于是，他宣布今年官府会资助龙舟比赛，且时间可以大大延长，外地的龙舟队伍也可以过来参赛。范仲淹还身体力行，常亲自去湖边宴饮看龙舟，在他的带动下，当地很多有钱人也都拖家带口去湖边观赛。只见现场锣鼓喧天，沿河两岸热闹非凡。河边的茶馆、饭馆、客栈的客流量明显增加，生意火爆，很多百姓都聚集到这里做起小生意

花钱、挣钱，必须循环起来！

与此同时，范仲淹召集各佛寺的住持，跟他们说："如今遇上饥荒之年，百姓为了混一口饭吃，不会在工钱上过多计较，正是寺院修缮扩建的大好时机。"住持都表示赞同。

建筑工人在这种不景气的年景下有工钱拿，可谓干劲十足，把寺庙建得又快又好，住持也很满意。范仲淹也没闲着，他以官府的名义，招募了大量工人兴建粮仓和吏卒的宿舍。

负责监察的官员看到吴中的景象很是不解。他认为在这大灾之年，范仲淹不体恤财政困难，竟然还鼓励龙舟竞赛和大兴土木，真是劳民又伤财，所以上奏弹劾范仲淹。

范仲淹上奏解释道："我之所以鼓励百姓宴饮游乐，寺院大兴土木，都是在'借'富人的钱，来帮助那些贫苦的百姓。他们仰赖官府和民间提供的工作机会，出卖劳力赚钱，也不至于背井离乡饿死荒野。"

这一年，很多地方都大闹饥荒，苦不堪言。范仲淹治下的百姓却过得很安乐。

> 今年收入怎么样？

冯梦龙点评

《周礼》里说过，"饥荒之年，主政者应该尽量给百姓们提供赚钱的机会"。虽然很多人都做不到，但范仲淹却做到了。凡是有能力来观看龙舟赛的人，肯定有一定的财力，他们来观赛时，衣食住行都需要花钱。一个人的消费，能养活几十个老百姓呢！

明朝万历年间，苏州闹饥荒，主政者下令禁止百姓游船，富家子弟不能外出游乐消费，最终导致很多百姓因饥贫而背井离乡。不懂得变通的父母官大致就是这样的。

东方朔
戏精妙劝武帝别信方士

历史上，秦始皇和汉武帝对长生不死都很向往，到处寻求仙药。比秦始皇幸运的是，汉武帝最终清醒了，放弃了这种不切实际的想法，而这都拜能言善辩的谋士东方朔所赐。

东方朔眼见汉武帝常派遣方士到各地访求长生不老药，他实在看不下去了，于是上奏说："皇上派人访求来的仙药，其实都是人间之药。这种药是没用的，只有天上的药才能使人不死。"

您喝的是假药！

汉武帝说："那怎么才能取得天上的药呢？"东方朔说："我可以上天。"汉武帝一听，心想这东方朔又在胡扯。但他转念一想，可以借机让东方朔出丑，于是同意了让东方朔上天取药。东方朔领命后说道："现在我要去天上取药，皇上一定会认为我在吹牛，所以希望皇上能派一人随我一同前往，也好做个见证。"

汉武帝答应了东方朔的请求，派了一名方士陪东方朔一同前往，并约定三十天后回宫复命。

东方朔离宫后，啥也不做，天天与大臣们喝酒玩乐。

喝！！

眼看三十天的期限就要到了，随行的方士不住地催促他。东方朔说："这些神鬼做事本来就难以预料，你放心吧，神会派使者迎我上天的。"方士没办法，只好蒙头大睡，睡梦中被东方朔摇醒，并说："我喊你好久你都不醒，我已经上过天了，刚回到凡间。"方士听罢大吃一惊，立即进宫向皇帝奏报。

我刚从天上回来！

汉武帝认为东方朔纯属一派胡言，犯了欺君之罪，将东方朔关进牢房。东方朔哭哭啼啼道："我为皇上您上天求仙药，您为啥要治我的罪？"

东方朔还描绘了自己在天上的经历："天帝问我凡间百姓穿的是什么衣服，我说'虫衣'，就是虫子织的衣服。天帝不信，派使者下凡调查，使者回报确有此事，并说虫名叫蚕，这才放了我返回凡间，但是不肯给我仙药。皇上如果认为我撒谎欺君，请派人上天查问好了。"

汉武帝听完，一下子领悟了东方朔的用心，大笑道："好了好了，好你个东方朔，你这是在提醒我，不要信那些方士的话罢了。"此后，汉武帝真的不再信长生不老之说了，对东方朔也信任有加。

张良
帮太子请"商山四皓"

刘邦一统天下建立汉朝后，封原配吕雉为皇后，他们的儿子刘盈为皇太子。可是几年后，刘邦越发觉得刘盈的性格"太软弱"了，不像自己，有心思废掉刘盈的太子之位，改立宠妃戚夫人的儿子刘如意为太子。

刘邦在朝堂上提出此事，满朝哗然，大臣们纷纷反对，刘邦也只好暂时作罢。吕后为此忧心忡忡，身边人建议她找张良商量对策。吕后觉得有道理：开国功臣张良善于计谋，不妨一试。

"商山四皓"

当时，张良已退隐朝堂、闭门不出，吕后便请自己的兄长吕释之出面。吕释之与张良同朝为侯，多有交往，张良拗不过吕释之的一再请求，出了个计策——请"商山四皓"出山给太子助阵。

我去请教张良，他一定有点子！

这"商山四皓"是什么人？他们是东园公唐秉、甪（lù）里先生周术、绮里季吴实、夏黄公崔广。这四个人都是前朝饱学之士，因为秦末大乱，所以他们隐居在商洛深山不问世事。刘邦曾派人邀请他们出山，遭到婉拒。

张良解释道："要想保住太子之位，这四人的分量应该够了。让太子写一封言辞谦恭的手书，再派一个能说会道的人，携重金前去邀请，他们可能会出山。来了之后，一定要敬他们为贵宾，让皇上看到他们经常陪伴在太子左右，这对稳固太子的地位很有帮助。"

太子有点能耐，这四位很难请啊！

四位先生，今天我们继续读《春秋》。

吕后按张良说的去做，终于请动了年过八十的"商山四皓"出山，成了太子的座上宾。刘邦见太子请出了自己都邀请不来的人，十分惊讶，忍不住询问原因。四人解释道："皇上一向轻视读书人，我等不想受辱。现听说太子为人仁孝，尊重士人，我们愿意辅助太子。"

刘邦见此情形，知道刘盈身边还是有不少能人的，对于废除太子一事也只能作罢。

满宠
严刑救了杨彪命

东汉末年，曹操把天子汉献帝接到了自己控制下的许昌，以便"挟天子以令诸侯"。满宠被任命为许昌县令。

身为汉献帝身边的头号重臣，太尉杨彪看不惯曹操欺负汉献帝的样子，一直与曹操不和。曹操也视杨彪为眼中钉，欲除之而后快。公元 197 年，袁术在寿春称帝，曹操立刻抓住杨彪是袁术儿女亲家的把柄，诬陷杨彪图谋不轨，把杨彪关进大牢，并交由满宠审讯。

孔融和杨彪关系不错，听说杨彪被抓，急忙去请求曹操放人，还指责道："您这是在冤枉人啊。"曹操说："我哪敢给太尉治罪，这都是皇上的主意，跟我无关。"

> 丞相，这里面有误会。

孔融没辙，只好拉上大臣荀彧（yù）来找满宠说情："满县令呀，太尉年纪大了，请你只管审问，千万不要动刑。"

满宠没有理会他们的求情，还是把杨彪打得皮开肉绽。

县令且慢用刑啊！

几天后，满宠向曹操汇报："我严刑拷打了杨彪，但是并没有得到什么谋反的证据。杨彪这个人名气大，假如就这样不明不白地被治罪，恐怕会失去民心呀。还是请您慎重。"曹操一听，当天就将杨彪无罪释放了。

一开始，孔融和荀彧听说满宠对杨彪严刑拷打都非常生气，直到杨彪被释放，他们才明白满宠的用意，反而更加尊敬满宠了。

冯梦龙点评

在当时那种特定情况下，曹操想要稳固自己的地位，断不会因为别人的求情就轻易放了杨彪。如果满宠没有执行曹操的命令，那么曹操可以再换一个人来执行，满宠还不会有好下场。满宠明知杨彪是被冤枉的，还依然用刑，再从曹操的角度去同他解释，一下子就说服了曹操。满宠既救了杨彪，又没得罪曹操，真是拥有大智慧的人啊！

李允则
自导自演，加固城防

北宋建立后，为了夺回燕云十六州，与辽国进行了长达二十多年的战争，直到1005年，双方签订澶（chán）渊之盟才休战。澶渊之盟约定，北宋与辽国互不在边境城镇修筑工事，不可进行军事训练。

作为边城雄州的守将，李允则一刻也不敢懈怠。他看到原先用于军事防御的瓮城已破败不堪，打算修一修，跟雄州城墙连成一体，好继续发挥作用。但是碍于盟约，又不好明目张胆地修缮。

李允则想到一个好办法。他花了一百两黄金铸了一个大香炉，十分高调地供奉在北门外的东岳祠里。然后李允则安排人偷偷运走香炉，对外则宣称香炉被盗，一边抓盗匪，一边以保护东岳祠的名义修筑城墙。辽国人听说了这件事，对于北宋的这番举动根本没有多想。

抓贼！

于是不到十天城墙就建好了，辽人没有提出异议。城墙修筑好以后，李允则又挖了护城河，还建起了堤坝，每年祭祀的时候都在护城河里举行龙舟比赛，南北游客都可以观看。但他们都不知道其实这是在练习水战。

挖河地工中

以前在城北挖有很多陷马坑，城下又有瞭望台。但自从两国通好以后，就再也没人上去过。李允则命人拆除瞭望台，将陷马坑填平划分成菜园，还把这些菜园都改成一小块一小块的，用矮墙分隔，并在中间的过道上种上荆棘，让这片地区对行军造成障碍。

这还没完，李允则还将城中的佛塔迁移到北郊，登塔就可以观察到方圆三十里外的情况。

同时，李允则还在城内空地上种榆树。时间久了，到处都是枝叶繁茂的榆树。李允则对手下人说："你们看，现在这环境只适合步行作战，而骑兵根本施展不开，树可不是只能拿来建造房屋的哦。"

经过李允则的努力，雄州成为宋辽边境处的一座坚固城池。李允则驻守雄州长达十四年，虽然没有显赫的战功，但是在摩擦不断的边境，始终没让辽国人占到便宜，实属不易。

苏秦
智辱张仪，只为合纵

自春秋到战国，经过长达数百年的征伐兼并，名存实亡的周王室名义下，只剩下七大诸侯国和少量小国。由于实力不相上下，战国七雄间维持着一种暂时的平衡局面，直到苏秦和张仪的出现。

苏秦和张仪都是鬼谷子的弟子。出师后，苏秦赶在前头，首先亮出了自己的"合纵之术"——合众弱以攻一强，也就是联合六国抗秦，让大家抱团取暖，合力形成一道阻止秦国东进的屏障。

而让苏秦有些担忧的是，自己刚说动六国国君打算缔结盟约，却赶上秦国准备伐赵，为了让六国可以顺利结盟，必须要有人阻止秦国动武。苏秦认为同学张仪是个好人选。于是他想了个办法。

苏秦派人去暗示张仪，让张仪来找苏秦谋一个前程。张仪被说动了，兴冲冲地来到赵国，准备拜见苏秦，谋个一官半职。苏秦告诉自己的手下：不要为张仪通报，但又要想办法不让张仪离开，故意冷落他一下。

> 苏秦师兄的朋友让我来赵国，怎么好几天也见不到师兄啊？

小张，你这样太颓废了，能干啥啊？

过了好几天，苏秦终于答应接见张仪了。张仪毕恭毕敬地来到苏秦的相府，可苏秦却给了张仪一些奴仆吃的食物，并责备张仪说："以你的才华，怎么沦落至此。凭我今天的地位，随便给你引荐一下各国君王你就能够安享富贵了，只是你实在不值得我收留罢了。"说完就离开了。

张仪大失所望，同时也非常生气。他心想现在苏秦手握六国相印，自己肯定是没办法在那几个国家效力了，当下也只有秦国可以投靠，于是就去了秦国。

苏秦命门客跟随张仪入秦，慢慢接近他，并给予张仪一些车马金钱上的帮助，使得张仪能够顺利地见到秦惠王。

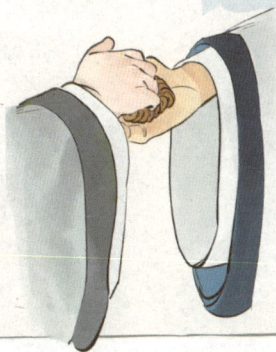

小张，我看好你，这些钱你先拿去花，慢慢会好起来的。

不久，张仪真的如愿见到了秦惠王。秦惠王欣赏张仪的才华，于是拜张仪为客卿，商量如何攻伐六国。

张仪，早让我见到你多好啊！

这个时候，一直帮助张仪的门客找到他，跟他说自己要离开了。张仪说："靠你的帮助我才有今天的显贵，现在正是报答你的时候，你怎么就要走了呢？"

门客回答说："其实这些都是苏秦让我做的。苏秦担心秦国攻打赵国，破坏合纵盟约，他认为除了你没有人能够担任秦国的相国。所以他一边故意惹怒你，激发你奋进的心志，一边让我私下里资助你成功。现在你已经被秦王重用，我该回去复命了。"

张仪听罢，说："哎！这都是我学过的谋术，苏秦把这一招用在我身上，我竟然没察觉到，我实在是差苏秦太多了。我也只是刚刚被重用，怎么会轻易图谋攻赵呢？请替我感谢苏先生，只要有他在，我怎敢攻打赵国，我又怎么可能是他的对手呢！"

于是，苏秦在世的时候，张仪就没有替秦国谋划过攻打赵国的事。

冯梦龙
点评

故事到此，你可能有些疑惑，苏秦逼张仪去秦国这招不是给自己树立了一个强劲的对手吗？因为张仪既然投效秦国，必然要提连横之术（事一强以攻众弱）才可以建功。不如一开始就把张仪留在身边，为六国所用，不是更好吗？

其实呀，身为同学，苏秦深知张仪的才能，知道如此狡黠和有谋略的人是不甘心做自己的助手的。他暗中帮助张仪去秦国，也是为自己的合纵大业争取更多有利时间。

但苏秦没料到的是，张仪不仅当上了秦相，摆出连横之术，还凭借自己的"三寸不烂之舌"游说了各国君王，成功瓦解了自己苦心经营多年的合纵局势。

如果继续深入思考，不难发现苏秦的合纵之术和张仪的连横之术，其实为同一种战术——捭阖之术。张仪选择入秦的时机很好，加之秦王也比其他诸侯王更能听取多方意见，所以张仪最终胜出，他的谋略也为后来的秦扫六国找到了方向。

战国纵横家

兵家一般指战略家和军事家，通常著有军事著作。关于兵家的起源，有人认为起于吕尚，也有人认为始于孙武。《汉书》把兵家分为兵权谋家、兵形势家、兵阴阳家和兵技巧家四类。以下列举几个影响力比较大的兵家人物。

王诩（鬼谷子，纵横家鼻祖）

楚国人，道号鬼谷子，后世尊为"谋圣"。他智谋超群，隐于世外，精通纵横捭阖之术。其作品《鬼谷子》被后世称为"智慧禁果，旷世奇书"。据传苏秦、张仪、孙膑、庞涓都是他的弟子，深刻影响着战国局势。

张仪（连横派代表人物）

魏国人，早年师从鬼谷子，后曾游历于楚、赵等国，但是不被重用，愤而入秦，以"连横"之策受秦王倚重，并两度出任秦相。他多次出使山东六国，以连横之策游说山东诸国，以破合纵之策，使各国纷纷由合纵抗秦变为连横事秦。

苏秦（合纵派代表人物）

周人，拜师鬼谷子学成后，求职于周王、秦王、赵王等处，均不受重用。后来在燕国，以燕赵联盟之策说服燕王，后又出使赵国，逐步实现燕、赵、韩、魏、齐、楚六国联合起来的"合纵"战略，共同抗秦。苏秦为纵约长，佩六国相印。合纵局势的形成使秦兵十五年不敢出函谷关。

范雎（远交近攻派代表人物）

魏国人，在魏国从事外交工作被陷害，死里逃生去了秦国，受到秦王重用，成为一代名相。他提出了远交近攻的策略，主张兼并韩、魏、赵，结盟齐国。长平之战时，范雎设计孤立赵国，防止合纵，最后大破赵军。

慎子
连用三计，拦住齐国抢地

战国时期，楚国的楚怀王去世时，太子熊横正在齐国做人质。

熊横得知消息后，面见齐王，请求回国。齐王有意刁难，说："你答应继任楚王后，割让东边的五百里土给齐国，我就让你回去。"

太子说："待我问问师傅，再回复大王。"

> 我养了你多少年？

舆图

太子请教老师慎子。慎子说："割让土地是为了赎回你自己。如果为了土地就不回国为父亲奔丧，这是违反伦常的事。我觉得应该割地。"

于是，太子回复齐王："我愿意割让五百里土地给齐国。"

> 先答应他！

就这样，太子顺利回国，即位为楚襄王。不久，齐国便派五十辆兵车来收地。楚襄王问慎子道："我现在该怎么办？"慎子说："请大王明天朝见群臣，让他们各自献策。"

第二天早朝，楚襄王跟群臣说了之前答应齐王割地的事情，让大家各自献计。

子良说："大王金口玉言，既然答应了齐国，反悔便是没信用，没信用以后就很难服众。可以先割地给他们，然后我们再夺回来。所以我认为可以先给后夺。"

昭常说："不能给。割地给齐国五百里，就是将国家的一半都送给了齐国。我认为千万不要割让土地，我愿前往东部驻守对抗齐国。"

景鲤说："不能给，只是凭我们目前的力量又不足以抗衡齐国。现在这种情况，不如请大王派我到秦国搬救兵吧。"

楚襄王把三位大臣的意见都说给老师慎子听，并问道："老师觉得我该采用哪种方案呢？"慎子说："大王可以全部采用。"楚襄王不解："您这是何意？"

慎子回答说："大王听我说完看看有没有道理。大王先派遣子良率五十辆兵车去齐国献地。等子良出发后的第二天，大王再派昭常去东边镇守。等昭常出发的第二天，再请大王派遣景鲤率五十辆兵车去秦国求救。"

楚襄王同意了慎子的方案，派遣子良到齐国办理献地的手续。待齐国人同子良一起到楚国东部接收土地时，遇到昭常带兵抵抗。齐国人顿时有点糊涂，问子良这是怎么回事。子良回应道："我是受楚王之命而来的，昭常是违抗王命，你们发兵进攻吧。"

齐王大怒，发兵来攻，军队还没开到国境，秦军就已逼近齐国边境。秦军警告齐国："你们阻止楚国太子回国奔丧是不仁，想要侵吞楚国五百里领土是不义。如果你们不退兵，我们愿意讨教。"

齐王见强大的秦国出兵，顿时害怕了，就请子良返回楚国，不再索要土地，又派使者去秦国请求撤兵。楚国就这样没有费一兵一卒，保全了领土。

二桃杀三士

春秋时期，齐景公手下有三员大将：公孙接、田开疆和古冶子。这三人虽为大将，但都居功自傲，不守礼法。相国晏婴唯恐这三个人引起内乱，建议齐景公除掉他们。齐景公觉得晏婴说的有道理，便问他可有什么好办法。

让他们卷起来！

于是晏婴设了一个局。他请齐景公派人送两个桃子给这三个人，并且对他们说："主公赐了两个桃子，三位何不比比功劳，看看谁才有资格吃桃？"

公孙接说："我曾经先斗赢了野猪，又打败了猛虎，像我这样的勇武应该没人能比得了，我应该可以吃一个桃。"说罢首先拿了一个桃。

田开疆说："我曾多次率兵打退敌人的进攻，这份功劳也很大了吧？我应该也可以吃一个桃。"说罢拿了另一个桃。

古冶子说："我曾经保护主公渡河，河中巨鳖拖马入河，我潜在水底逆流而上走了一百步，又顺流而下走了九里路，追杀了那只巨鳖。当时我左手拽着马尾，右手提着乌龟的脑袋跃出水面，河边的人都看傻了，以为我是河伯转世。像我这样的功劳才是真的不简单。可笑的是，桃子居然被你们俩先拿了。"说罢就拔出剑站了起来。

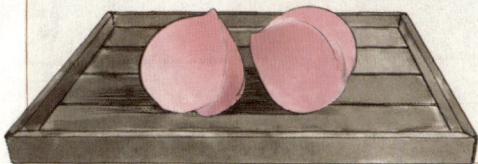

公孙接和田开疆说："我们的勇武和功劳果然都不如你，还拿了桃子，真是没有颜面面对你。我们活着也没啥意思了。"说罢二人放回桃子，刎颈自杀。

古冶子看到事情闹成这样，难过地说："他们二人都因为这个事死了，唯独我活着，这是不仁。用言语去侮辱你们，是我不义。我痛恨自己的行为，若不死就是怯懦的表现。"说完也自刎而死。

使者返回齐景公处复命，齐景公给他们举行了隆重的葬礼。后人还作了《梁甫吟》来感慨他们的故事。

我打赢了猛虎！

我救过国家！

幼稚！

范蠡

转仆当主，被人高看

战国时期，越国大夫范蠡曾在齐国相国田成子手下做事。有一次，田成子离开齐国到燕国，范蠡跟着他。

走到半路，范蠡说："您有没有听说过'沼泽之蛇'的故事？说有个沼泽干涸了，那里的蛇要搬家。有条小蛇对大蛇说：'如果你在前面，我跟在后面，人看见了会认为这是普通的蛇在迁徙，我们可能会被打死。倒不如你背着我前行，这样的话，人看见了会把我当成神明，不敢随意碰我们。'现在您衣着华丽而我穿着一般，我当您的随从，别人顶多以为您是个小国主君，但要是换成您做随从，别人会认为我可能是个大国公卿，会高看我们。"

田成子认为有理，就扮成范蠡的随从。两人住旅店，旅店老板果然对他们非常尊敬，拿出酒肉殷勤招待。

不动声色，让他写完作业

语文老师问春宝："为什么每次作业都收不全？"春宝很无奈地说："有几个同学写不完作业，就经常找各种借口不交。"语文老师让春宝想想办法解决。

权奇卷

紧急情况，不拘泥于规矩

源自原著 卷十五

尧趋禹步，父传师导。

三人言虎，逾垣叫跳。

亦念非仪，虞其我暴。

诞信递君，正奇争效。

嗤彼迂儒，漫云立教。

集《权奇》。

尧舜在前开道，大禹在后跟随。父亲和老师的教导不能忘。

本来没有老虎，可三个人都说老虎来了，人们就越墙逃跑。

既要考虑自己对别人的礼仪，又要防备敌人对自己的进攻。

荒诞和真诚都摆在你面前，看看阳谋和奇谋哪个效果更好。

可笑那些迂腐的儒生，只知道泛泛地空谈和呆板地说教。

这类故事汇编成《权奇》卷。

淮南相
骗王拥帝，暗保刘安

汉朝景帝时期，诸侯国实力太强，对朝廷威胁极大。于是，景帝在重臣晁（cháo）错的建议下推行削藩政策，此举引发了诸侯的激烈反抗。以吴王刘濞（bì）为代表的七大诸侯王举兵造反，史称"七国之乱"。

吴王刘濞是高祖刘邦的侄子，景帝的堂伯，也是这次起兵的组织者。身为推翻景帝后最有希望成为皇帝的诸侯王，他当然希望所有的刘氏诸侯王都反对景帝。为此他亲自去联络胶西王刘昂，另派人前往淮南国等其他诸侯国，串谋联合起兵。

淮南王，您跟吴王一定有好前途。

淮南王刘安和朝廷是有仇的。在刘安很小的时候，其父刘长因为密谋造反被汉文帝废掉王位，之后在流放的途中去世。而当今皇帝便是汉文帝的儿子。刘安虽身为淮南王，但因为罪犯家属身份自小受尽他人冷眼。

听说吴王造反，刘安也有些蠢蠢欲动，打算出兵加入叛军。这时，淮南国国相说："如果大王打算与吴王一起反叛，臣愿领兵前往。"于是刘安便将部队交给相国指挥。

臣愿领兵！

谁知道相国根本没有听从刘安的指示，没有率领军队跟着吴王一起造反，而是去帮助被叛军围困的城池，和朝廷站在了一边。就这样，淮南王阴差阳错地没有被卷进七国之乱。

　　事实证明淮南王手下的相国做出了正确的选择。这场叛乱三个月后被平息，谋反的诸侯王均被诛杀，刘安却逃过一劫，自己的封国也得以保存。但刘安并没有死心，汉武帝时他再次反叛，最终落得身死国灭的下场。

狄青
伪造神迹许大愿

　　北宋仁宗年间，广西的侬智高举兵犯宋，仁宗令大将狄（dí）青南下平定。但由于广西到处都是高山密林，道路难行，不少士兵因水土不服染上了病。且南方人大多信奉鬼神，前方失利的消息和鬼神之说被穿凿附会起来在军中转播，搞得军队士气低落。

这样的军队根本没有战斗力可言，狄青为此很是担心。大军抵达桂林时，途径一座寺庙，当地百姓说在庙里许愿非常灵验，称之为神庙。狄青让队伍在此驻扎休息，然后对部下说："不知道这次出征胜算怎么样？既然来到了这神庙，不如算一卦看看天意如何。"

于是狄青拿出一百枚铜钱说："我现在就请示一下神明，如果我们这次出征可以获胜，就让这一百枚铜钱都是正面朝上。"部下一听，吓得赶紧阻拦，对狄青说道："打仗时士气尤为重要，如果卦象不好，会影响军心的呀，将军请三思！"

狄青不听，一定要算上一卦。他在众目睽睽之下，将一百枚铜钱往天上一抛，待全部落到地面上时，竟然全都是正面朝上。于是士兵们欢声雷动，响彻山林。

狄青也非常高兴，让部下拿来一百枚钉子，将这一百枚铜钱都钉在地上，上面覆盖上青纱并贴上封条，嘱咐寺里的人把铜钱守护好，待自己凯旋之时，再重谢神灵，收回铜钱。

就这样，宋军士气大振，在战场上如有神助，大破侬智高叛军。狄青凯旋，果然回到寺庙来取铜钱。当身边亲信捡起那些铜钱时，才发现两面都是正面，这时候他们才明白了将军的良苦用心。

冯梦龙点评

狄青不仅作战勇猛，还擅长心理战。他深知心理暗示的重要性，仅凭借一百枚铜钱就大大提升了士气，扭转了战局，真是个有勇有谋的好将军。

王琼
麻痹贼兵智擒贼

明朝正德年间，浙江湖州孝丰县的汤麻九反叛作乱，很是猖狂。巡视浙江的御史将这件事上奏朝廷，朝廷下令由兵部处理此事。

时任兵部尚书的王琼召来部下，大声斥责道："你们是怎么管事的！那汤麻九不过一个小毛贼而已，随便派十几个人就抓来了，怎么还上奏给朝廷呢？这么点小事就要朝廷出兵，实在是有损颜面。御史如果不如实禀报，我一定请求皇上治他的罪。"

> 几个毛贼都要要兵部管吗？

王琼这番话传开后，大家都认为兵部太过轻视贼寇，谈论时不免忧心忡忡。

贼寇汤麻九那边听说兵部没有出兵的意思，防备顿时松懈了下来，放心地像以前一样肆意抢掠。

早些时候，户部为查访各府县的钱粮状况，曾派出了都御史许延光，他现在正在浙江巡查。于是王琼就暗中奏请朝廷下密令让许延光负责剿贼。

王琼和许延光商定了具体的剿贼方案。这天，许延光派出副将暗中率领数千民兵，趁夜偷袭贼寇。贼寇刚刚劫掠回巢，正举行庆功宴，个个醉得东倒西歪的。民兵借机轻轻松松就收拾了贼人，叛乱就这么平息了。

冯梦龙点评

若朝廷大张旗鼓出兵平定，贼人必定会据险抵抗，事态反而会扩大。而现在不用出动大军，没有花巨额军费就恢复了地方上的太平。王琼麻痹对手、攻其不备的战略果然漂亮，真不愧是与于谦、张居正齐名的"明代三重臣"之一。

种世衡
巧借民力运巨木

宋朝人种（chóng）世衡在担任渑（miǎn）池县知县的时候，县城旁边的山上有一座庙宇，因年久失修残破不堪，种世衡打算修葺一番。

修缮工作进行得很顺利，只是修葺庙宇所需要的梁木太过粗大了，工人们没有好办法把它们搬运到山上，工程有点受阻。

种世衡想出一计。他挑选了一些人高马大的衙役，让他们把头发剃光，打扮成摔跤选手的样子，排列整齐，行走在马队前招摇过市，对围观的百姓说："想要看摔跤的就到山上的庙里，我们将要在那里免费表演。"

消息一传开，老百姓都很感兴趣，到了表演的日子，全县的男女老少都蜂拥到山上准备看演出。表演开始前，种世衡对前来的观众说："今天是上梁的好日子，请各位乡亲帮忙把梁木搬运上来，然后一起欣赏摔跤表演。"

围观群众为了早点看上演出，满心欢喜地下山搬运梁木。人多力量大，没多久梁木就被搬上山了。

现在看种世衡的做法，多少有些利用百姓的嫌疑，就好比周幽王为博褒姒一笑而点燃烽火台，从此烽火再也起不到应有的作用了。如果种世衡在梁木搬运上山后，真的办一场摔跤表演，倒是一举两得，皆大欢喜。

从另一个角度来说，种世衡此举用简单的方式解决了复杂问题，就是一种借助外力的智慧。历史上，刘备武不如关羽，谋不如诸葛亮，但两人却能忠心耿耿地辅助刘备成就大业，刘备靠的便是善借外力的领导才能。

陈霁岩
妙计打压马贩

明朝时，朝廷在民间实行一种俵（biào）马制度。所谓俵马，就是朝廷把种马寄养在民间百姓家里，官府每隔一定时间，按标准回收马匹。收马的标准是体形壮硕、马高三尺八寸。

实际上，由于政府补贴不够，民间养马户很难饲养出符合要求的高头大马，他们只能花钱去马贩子手里买马交差。

但由于开州偏僻，马贩子到达这里的时候，好马早就被其他州县挑完了。这么一来，开州养马户想要凑齐交差的马就难上加难了。州官也很生气，因为交不上好马会影响自己的仕途，于是他们就拿马头们（养马的代表）撒气。而养马的人家为了买到合格的马，只好不断开出高价，导致马价一路飙升。

这一年，陈霁岩出任开州知州，他想出一个好办法。陈霁岩摆出一副气定神闲的样子，直到各地马贩子都到齐了才安排统一看马。看马的前一天，陈霁岩将马头们召到衙门，问道："其他州县的俵马都已经置备完毕了，你们知道吗？"马头们诚惶诚恐地磕头回答道："知道。"

陈霁岩又说："俵马的事我也很着急，但明天看马的时候，我要装作不急，你们都配合点。"

第二天，马贩们带着马过来了，其中甚至有高四尺的马驹。陈霁岩也来看马，一问价格都很贵。陈霁岩说："高矮最怕放在一起比较，有四尺的马在马群里，会显得其他马都很矮，这样不好。我已经发文给管马政的太仆寺了，就说本州上交的马都是刚生的马驹，个头不高。"

马头们马上明白了知州的意思，配合着说道："大人，要不我们再等等，三天后的临濮大集上应该有更合适的马可以买。"陈霁岩表示同意。

马贩们看到这种情况，心里十分着急——别的州县马都买完了，只剩开州，如果他们不买，这马不就砸自己手里了吗？牵回去再养一年实在太不划算，没办法，只能贱卖了。

马贩子私下找马头们商量，愿意低价卖马。于是，在其他州县售价昂贵的马匹，在开州只要很低的价格就能买到了。

我们不着急，过几天再说！

杨琎
小计吓破贪官胆

明朝人杨琎（jìn）在担任丹徒知县的时候，发生过这样一个故事。

宫里派出的宦官巡视到浙江，每到一个地方就把州县长官软禁到官船上，直到送给他们财物后才被放出来。因为这些宦官是宫里派来的人，当地州县都送钱消灾，不敢得罪。

杨琎听说了这个事情，想到了一个好办法。

宫中使者乘坐的官船快到丹徒的时候，杨琎就找了两个擅长潜水的人，让他们扮成老人先去迎接宦官。

宦官见到两人后，发怒道："县令呢？怎么就派你们这样的人来拜见我！"说完就命令随从抓住这两个人。二人立刻跳到江里，潜水离开。

杨琎这才慢悠悠地来拜见宦官，假意说道："我听说您刚才驱赶两个人下水，他们已经被淹死了。当今皇上圣明，天下太平，朝廷的律令严明，这出了人命该如何是好呀？"

宦官听杨琏这么一说，心里不禁开始打鼓，说了两句好话就跑了，哪还敢软禁县令。后来就算经过别的地方，也不敢像以前那么胡作非为了。

这出了人命可咋办？

丹徒知县

程婴
拼命保护赵氏孤儿

春秋晋景公时，晋国发生过这样一个故事。权臣屠岸贾（gǔ）和赵朔两人为了争权，关系很不好。最终屠岸贾派兵诛杀了赵朔全家，只有身怀六甲的赵朔妻子逃过了屠戮。

赵朔的妻子是晋景公的姑姑，她跑到皇宫里躲了起来。屠岸贾为了斩草除根，时刻盯着宫中待产的赵朔妻子，准备等她一生产，便把婴儿杀了。

一些正义之士看不下去了。赵朔的门客公孙杵臼（chǔ jiù）找到赵朔的好友程婴，说："你怎么没有同赵朔一起死呢？"不要奇怪他为什么这么问，要知道在春秋时期，真正的好朋友是可以为朋友殉难的。

程婴解释说，自己之所以苟活，是因为要抚养赵朔的遗腹子长大成人，为赵氏一族报仇。到时候他再死也不迟。

不久，赵朔妻子生了个男孩。屠岸贾听说以后就到皇宫来要人，赵朔妻子把孩子藏在宽大的裤子里，还好婴儿完全没有啼哭，总算逃过一劫。但"躲得过初一，躲不过十五"，之后该怎么办呢？

程婴找公孙杵臼商议对策。公孙杵臼说："是保护孤儿并养大他难呢，还是去死难？"

　　程婴说："把孩子养大难，死倒更容易些。"

　　公孙杵臼说："赵朔对你那么好，那就请你勉为其难养大孩子，我来做更容易的事吧！"说完，他对程婴说了全盘计划。

　　公孙杵臼找来一个婴儿（有种说法是程婴的孩子），假装这是赵朔的遗腹子，给孩子包上华丽的襁褓，躲进山中。

　　程婴则假装为了金钱出卖朋友，去找屠岸贾告发了藏在山中的"赵氏孤儿"。

快去抓那个孩子吧！

公孙杵臼假意咒骂程婴出卖自己，让屠岸贾信以为真。就这样，屠岸贾杀害了公孙杵臼和那个婴儿，志得意满地以为赵氏已经被赶尽杀绝了。

义父，我父亲到底是谁？

而忍辱负重背上骂名的程婴，带着真正的赵氏孤儿隐居在山里，一藏就是十五年。孩子名叫赵武，尊程婴为义父。

十五年后，晋景公生病了，他找人为自己占卜，得到的结果是"有功之臣的后裔在作祟"。景公有些疑惑，卿大夫韩厥趁机重提赵朔的功劳，然后把赵武的事情一五一十讲给景公听。

于是景公召来赵武，藏在官中。当那些参与谋害赵家的将军们前来问候景公的时候，景公和韩厥当着所有人的面，恢复了赵武的身份。那些将军看到事情败露了，都把责任推给屠岸贾，说当年赵朔一家被杀的事，全是屠岸贾假借国君命令办的。

于是赵武和那些将军联起手来，一起杀上屠岸贾家，终于手刃仇人，为家人报了仇。晋景公也将赵氏以前的封地悉数归还。

过了几年，等到赵武行过成人礼以后，程婴对赵武说："我也该走了，我得下去向公孙杵臼说一声，我完成任务了。"然后就自杀了。

赵武痛哭流涕，为程婴守孝三年。

编著者点评

最终程婴以自己的死，表明了这些年他活在世上绝不是苟且偷生，而是为了完成与公孙杵臼的共同心愿——报答好友赵朔；同时也让救孤这件事所表现出的舍己救人、矢志不渝的精神得到了升华。这种舍生取义的精神财富让这个故事传承了一代又一代，并被编成戏曲搬上舞台，流传至今。

太史慈
虚虚实实，智救孔融

东汉末年，名将太史慈和北海相孔融关系很好。有一年，北海郡周边的黄巾军来势汹汹，孔融率军讨伐。然而在前往北海郡的都昌城驻扎时，他不幸被黄巾军围困。

太史慈从辽东回乡省亲，刚好知道了这个情况。他是个有义气的汉子，见孔融被困，便主动前去救援。他趁着敌军防守较松懈的夜里，悄悄从小路潜入城里，拜见孔融。由于朝廷援军迟迟不来，孔融只好请太史慈去向平原县的刘备求援。

接下来太史慈决定上演一出好戏。第二天，他骑着马带着弓箭，身后还跟着两匹马，每匹马上各撑着一个箭靶，大摇大摆地出了城门。城外的黄巾军看见他，吃了一惊。只见太史慈引马来到城墙边，调正箭靶，自己练起了射箭，待箭射完便回城了。黄巾军惊讶之余也有点摸不着头脑。

第三天，太史慈和昨天一样出城练射箭，敌人有的站起来防备，有的索性躺在那儿看他表演；第四天，他还是和前两天一样出城练箭，城外的敌人都懒得管他了，完全没有了戒备。太史慈看到时机已经成熟了，于是突然快马加鞭向黄巾军的包围圈外狂奔，敌人这才反应过来原来这家伙要跑，可惜为时已晚。有几个追得近的人都被太史慈射杀，其他人也就不敢再追了。

突围之后，太史慈径直跑到刘备那里，求到了援军，解了孔融之围。

陈子昂
摔琴涨粉

初唐时，蜀人陈子昂登幽州台，有感而发，写下了千古名篇《登幽州台歌》。那一年，他虽然在职场上屡受挫折，但总算在诗文上取得了一番成就。回看他初到长安的时候，可真是默默无闻。

陈子昂家境优越，但他的仕途走得却不顺畅，两次参加科考都以失败告终。第二次落第后，陈子昂无所事事，在东都洛阳闲逛，忽然看到街上有个卖胡琴的，给手里的琴开价百万。

旁观者都不知道这琴的好坏，无人敢买。这时，陈子昂忽然站出来，说这琴他要了。

> 陈先生，要不您来一曲？

> 这把琴我要了。

众人大吃一惊，问他怎么知道这把琴的价值，陈子昂回答："我擅长弹奏胡琴，知道这把琴值这个价。"于是众人希望陈子昂现场弹奏一曲。

陈子昂推辞说："如果各位不嫌弃，明天到宜阳里来，我给大家演奏。"

第二天，许多人前往宜阳里，其中不乏达官显贵、文坛名士。只见那把价值百万的胡琴摆在最显眼的地方，陈子昂也准备好了酒席。用餐后，陈子昂抱着琴说："我是蜀地来的陈子昂，写过上百篇诗文，来京城闯荡却始终得不到赏识。像演奏胡琴这种简单的事，哪值得花心思钻研呢？"

说完，陈子昂就把胡琴摔了个粉碎，然后把自己的诗文分赠给在场的宾客看。陈子昂的诗文写得确实好，众人看过后纷纷称赞。一日之间，他的诗文被城里的人争相传阅，陈子昂也名震京城。

吴质
巧妙避险护曹丕

东汉末年，曹操的儿子曹昂、曹冲先后逝去，曹丕、曹植成了接班的热门人选。兄弟二人身边都聚集了不少能人谋士，而两人的明争暗斗也充满戏剧性。

曹植的首席谋士杨修很有才，深得曹操信任。不过他也很小心眼，经常去曹操那里打小报告说曹丕的坏话，还一再游说曹操立曹植为继承人。

曹丕很焦虑，有一次他想找自己的首席谋士吴质来府中商量对策。可是，当时吴质并不在京师，按照那时的规矩，没有皇帝允许，外地官员不可随意入京。曹丕想到一个办法，他把吴质藏在竹篓里，偷偷用马车拉进自己府中。

天天派人监视曹丕的杨修知道这件事后，向曹操报告曹丕偷着往家里运人，曹操便准备派人去查。曹丕很害怕，问吴质怎么办。

吴质说："没事，明天你再装点绢布什么的，还是用那竹篓运到府中。"

第二天曹丕依计行事，杨修果然再次告密。曹操派人检查了竹篓，发现里面都是绢布，哪有什么人。于是，曹操将杨修一顿大骂，再也不怀疑曹丕了。

杜畿

缓兵妙计，占据河东

东汉末年，高干在并州起兵反叛曹操。河东郡紧邻并州，前太守王邑被曹操调职后，他的部将卫固和范先担心曹操会损害他们的利益，打着请求王邑留任的旗号，背地里却和叛军高干勾结在一起。

曹操任命杜畿（jī）为新的河东太守，杜畿带了一些人奉命赴任，但卫固等人却阻断了渡口交通，让杜畿不能渡河上任。有人建议派大军强行渡河，消灭卫固。

杜畿说："河东三万户百姓并不是都想跟着高干叛乱。若调大兵压境，百姓必然因害怕而听从卫固指挥，反而增强了卫固的实力。而且如果我们打输，那就尴尬了，事态会进一步扩大；就算胜了，也会伤及无辜百姓。不如给他们一个出其不意，由我一个人进城吧。"

杜畿心想，卫固这个人并没有公开反叛，只是打着旧太守的旗号发难，应该不至于杀新太守。我先待上一个月，看看情况再说。于是走小路换了个渡口过河上任。

范先想杀掉杜畿，卫固说："杀了他有什么好处呢？只不过是多了个杀人罪名，何况他完全在我们的掌控之下。"于是两人就假意认杜畿为河东太守。

杜畿对卫固、范先说："您二位都是河东最有名望的人，我现在只能仰仗你们了。虽然我们职位不同，但都是为了把河东治理好，有什么事情我们三人就商量着来吧。"

　　杜畿任命卫固为都督，范先为统帅。他们也放松了对杜畿的警惕。

　　有一次卫固打算大肆征兵，杜畿暗中着急，对卫固说："想成就大事的人切忌惊扰人心，你这样突然大规模地征兵，百姓定会惶恐，依我之见，不如用长期募兵的方式慢慢招人。"

　　卫固觉得杜畿言之有理，于是便照办了。结果募兵的命令颁布以后十几天才完成，而且手下的将领都在吃空饷，实际募集的士兵远不如预期。

　　过了一段时间，杜畿又对卫固说："想家是人之常情，你不妨让手下的士兵们分批放假回家，他们一定很感激你。到时候再把他们叫回来就是了。"卫固为了博得人心，又答应了。于是在整个河东，听命杜畿的人都在职，而支持卫固的人都放假回家了。

　　后来，高干的几个盟友先后加入叛军。等卫固这边也准备调兵加入时，发现竟然无兵可调。

杜畿知道时机已经成熟了，他联合下辖的几个县，一下子召集了四千余名士兵。

卫固等伙同高干、河东郡张晟一起攻打杜畿，硬是攻不下来。他们又去周边县城掠夺，也没啥收获。等到曹操大军一到，双方大战一场，高干、张晟败走，卫固、范先被杀，其余的部众在杜畿的建议下全部被赦免，河东郡的局势终于平定了。

智谋故事
后记

杜畿巧用智慧，在卫固、范先的眼皮底下，直接颠覆了河东的格局，让当地百姓避免了战乱之苦。叛乱平定以后，杜畿在河东兴建学校，轻徭薄赋，为政清廉，深受当地百姓爱戴。他任职河东太守十六年，为曹魏政权稳定了地方上的形势，真正实现了有效治理，史书评价其政绩为"常为天下最"。

曹冲
老鼠咬衣，化解库吏之难

东汉末年的曹操不仅自己智谋超群，儿子也个个出类拔萃，其中小儿子曹冲更是被称为神童。

话说曹操有一副马鞍存放在库房里，结果被老鼠咬坏了。看管仓库的库吏非常害怕，因为曹操治军极严，士兵一旦犯了错误，很有可能小命不保。库吏觉得如果主动承认自己的失职，这样虽然免不了惩罚，但应该罪不至死，于是准备去向曹操自首。

恰在此时，小曹冲去仓库玩。这个才智过人的小神童，五六岁时便因"曹冲称象"的事迹闻名天下。曹冲见库吏一副魂不守舍的模样，便问发生了什么事。

库吏如实禀告后，曹冲想了一下，说："你三天以后再去自首吧，其他不用管。"

要主动认错，但要讲方法。

回到府上，曹冲就用小刀在自己衣服上戳了一些洞，弄得就像是被老鼠咬过一样。然后愁眉苦脸地去找父亲曹操诉苦。

曹操问他怎么回事，曹冲说："我听人讲，被老鼠咬破衣服很不吉利。现在我的衣服被老鼠咬破了，所以很担心。"

曹操一听，哈哈大笑说："这些都是别人胡说八道的，根本没有那回事，不用在意。"

三天后，库吏按曹冲说的，拿着被咬坏的马鞍向曹操请罪，曹操瞬间明白了之前曹冲的用意，但还是面带笑容地说："放在人身边的衣服都会被老鼠咬破，何况挂在柱子上的马鞍呢？这不是你的过错。"于是没有追究库吏的责任，同时也更看重聪明的曹冲了。

串通奶妈，计解心病

唐朝时京城有一位医生，虽然名字已经失传了，但医术十分高明。

有位妇人曾经误食了一只虫子，从此常常怀疑虫子还在肚子里，为此还生了病，怎么治都治不好，于是请这位医生来诊治。

医生一听，知道这是心病。于是他安排妇人的奶妈跟自己演一出戏。他说："我等会儿用药给她催吐，你就拿盆接着，然后你跟她说吐出来一只小蛤蟆跑掉了。你要严守秘密，千万别让她看出破绽。"奶妈按照医生说的做了，这个妇人此后再也没有犯过病。

专题 | 学以致用
受伤了，别墨守成规

课间，毛孩在楼道里玩，不小心踩空了台阶，崴了脚。秋宝和春宝赶紧带他回教室处理。

可是学校不让学生坐电梯……

咱们坐电梯。

要灵活一点！

处理伤口要紧，先斩后奏。

咱班卫生员今天请假了，怎么申请用药啊？

用药登记

我不敢！

放心，班主任肯定会同意的。

可以让你妈妈来教室接你。

图书在版编目（CIP）数据

智囊：少年版 / 周国宝编绘 .—北京：北京日报
出版社，2024.1

ISBN 978-7-5477-4661-5

I.①智… II.①周… III.①《增广智囊》IV.
① I242.1

中国国家版本馆 CIP 数据核字（2023）第 220453 号

智囊：少年版

出版发行： 北京日报出版社
地　　址： 北京市东城区东单三条 8-16 号东方广场东配楼四层
邮　　编： 100005
电　　话： 发行部：(010)65255876
　　　　　　总编室：(010)65252135
印　　刷： 三河市双升印务有限公司
经　　销： 各地新华书店
版　　次： 2024 年 1 月第 1 版
　　　　　　2024 年 1 月第 1 次印刷
开　　本： 710mmx1000mm　　　1/16
印　　张： 12.25
字　　数： 165 千字
定　　价： 68.00 元